盖尔范德中学生数学思维丛书

坐标方法

The Method of Coordinates

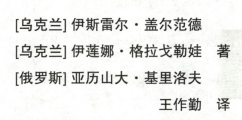

[乌克兰] 伊斯雷尔·盖尔范德
[乌克兰] 伊莲娜·格拉戈勒娃　著
[俄罗斯] 亚历山大·基里洛夫

王作勤　译

中国科学技术大学出版社

安徽省版权局著作权合同登记号:第 12191908 号

First published in English under the title
The Method of Coordinates
by I. M. Gelfand, E. G. Glagoleva and A. A. Kirilov
Copyright © Birkhäuser Boston, 1990
This edition has been translated and published under licence from Springer Science+Business Media, LLC, part of Springer Nature.
Chinese Simplified translation rights © 2020 University of Science & Technology of China Press
此版本仅限在中华人民共和国境内(不包括香港、澳门特别行政区及台湾地区)销售.

图书在版编目(CIP)数据

坐标方法/(乌克兰)伊斯雷尔·盖尔范德(I. M. Gelfand),(乌克兰)伊莲娜·格拉戈勒娃(E. G. Glagoleva),(俄罗斯)亚历山大·基里洛夫(A. A. Kirilov)著;王作勤译. —合肥:中国科学技术大学出版社,2020.12(2024.9重印)
(盖尔范德中学生数学思维丛书)
ISBN 978-7-312-05006-0

Ⅰ.坐⋯ Ⅱ.①伊⋯ ②伊⋯ ③亚⋯ ④王⋯ Ⅲ.坐标换算 Ⅳ.O182

中国版本图书馆 CIP 数据核字(2020)第 122163 号

坐标方法
ZUOBIAO FANGFA

出版	中国科学技术大学出版社
	安徽省合肥市金寨路 96 号,230026
	http://www.press.ustc.edu.cn
	https://zgkxjsdxcbs.tmall.com
印刷	合肥市宏基印刷有限公司
发行	中国科学技术大学出版社
经销	全国新华书店
开本	710 mm×1000 mm 1/16
印张	4.75
字数	66 千
版次	2020 年 12 月第 1 版
印次	2024 年 9 月第 8 次印刷
定价	20.00 元

译 者 序

中学数学教育的重要性毋庸多言.中学数学该怎么学？这是一个重大的课题,可能每位数学老师都有自己的独特见解.译者们在大学里教授数学课程时,时常能见到很多在中学阶段学习成绩很好的学生,在学习大学数学的过程中难以适应,甚至屡屡碰壁.究其原因,中学阶段的数学教学往往是以训练解题技巧为主,学生们可以通过做大量的练习提高熟练度,进而提高成绩.但要学好大学数学,则需要学生们主动思考,理解数学思维,提高数学素养.就数学教育而言,这种脱节是十分令人遗憾的.能否找到一些更加强调数学思维的数学教材,让我们的中学生们在未来进入大学后可以比较快地适应大学数学课程呢？

大约两年前,本丛书的译者之一在北美进行学术交流时,有幸由加拿大麦吉尔(McGill)大学管鹏飞教授介绍而接触到本丛书.管鹏飞教授盛赞了这套丛书,认为它体系独特,并且强调了数学是如何自然引出和走向远方的.在粗略阅读后,我们发现这套丛书的作者确实是高屋建瓴,对于很多知识点的引入非常精妙,前后知识点的衔接非常自然,就连习题的设置也常常别出心裁.更重要的是,贯穿于正文与习题深处的,正是我们一直希望学生们能早点掌握的数学思维方式.开始时,我们只是想着让自己的孩子学习这套丛书.后来仔细一想,既然这套丛书这么好,而国内又难以见到,为什么不翻译出来让大家都能获益呢？

这套丛书的主创者伊斯雷尔·盖尔范德(I. M. Gelfand)是 20 世纪非常伟大的数学家之一.他是首届沃尔夫奖(数学终身成就奖,1978 年开始颁发,被誉为数学领域的诺贝尔奖)获得者,在数学、数学物理、生物学等多个学科都做出了卓越的贡献.此外,盖尔范德还是一位杰出的数学教育家.他不仅培养出了大量极其优秀的数学工作者,创立了"盖尔范德学派",还先后在苏联和美国建立了旨在促进中学数学教育的函授学校,并为中学生们撰写了多本优秀的教材.在教学上,他善于启发和提出问题,善于从新的角度重新思考已知的结果.这些特点在这套丛书中表现得淋漓尽致.可以说,除了他证明的诸多高深而绝妙的定理外,这套丛书同样是盖尔范德为后人留下的宝贵财富.

我们翻译这套丛书,并非是希望用这些书去替代现有的中学教材,这样既不现实,也并不符合我们目前的考纲和考情.但我们相信,这套丛书能够成为中学生们绝佳而"另类"的课外数学读物.目前,市面上流行的课外读物大多可归于两类:一类是以奥数为导向的,主要是把复杂的数学技巧模块化,训练中学生们解答难题的能力;另一类是趣味数学读物,要么讲讲有趣的数学故事或者带领大家领略数学史上的一些奇观,要么把数学知识糅合在各种故事或趣题中.这些书或可提升中学生们的解题能力,或可提升中学生们学习数学的兴趣.但它们并不系统,尤其缺乏核心营养,即缺乏对建立核心数学思维方式的引导.我们希望本丛书能为中学生们补一补核心营养.

本丛书的起点并不高,绝大部分内容只要是基础较扎实的初中生就可以"读懂".但我们对读者的建议是,读这些书的时候一定要多思考,因为知道为什么比知道是什么更重要.要有渴求知识和探索问题的愿望.多读、多练、多思考,学习从来都没有捷径,从来都不可能不劳而获.每本书都如一架长长的梯子,它们往往是通往高等数学的重要路径.

目前,在很多学校都流行着一个"短板理论",即把每位学生都比喻为一个木桶,而把学习的过程比喻为往桶里装水的过程,由此激励大家不要有短板,因为木桶能装的水量取决于该木桶最短木板的高度.但我们想说的是,作为老师,我们并不应该把学生们当作一个个有待我们去填满的木桶.他们更应是一个个火种,一旦以合适的方式点燃,就可以自己燃烧,乃至于光芒四射!

希望本丛书能为读者们开启一扇理解数学的窗口.

麻希南　王作勤
2020 年 12 月

前　　言

作为"盖尔范德中学生数学思维丛书"的第一本,主要内容是介绍坐标方法.学习本书,读者不需要具备特别的背景知识,只要有八年级的数学知识就足够了.不过,本书可不是为了自学速成而写的,其主旨是引导大家进行系统的探究,因此它可能比较难读.为了让读者在沿着本书前行时稍微轻松一些,我们在正文的页边留白处放置了很多的"路标".在阅读的时候要注意它们.

"停车位"标志表明该段内容包含有进一步学习时所必要的信息:定义、公式等.在这样的标志处,有必要停一停,仔细多读几遍,然后记牢它们.

"陡坡路"标志放置于含有较复杂内容的段落旁.对于使用了黑色字体的内容,读者在初次阅读时可以跳过它们.

请特别注意"反向弯路"的标志.我们常常把该标志放置于那些乍一看简单易懂的段落.如果对该段内容理解不够准确,后面可能会产生很严重的错误.

在设计习题时,我们费了一番心思,对这些问题的解答都是很有意义的.题目与练习大都置于"习题"中,但有时候也出现于正文中.一定要完成它们.

祝愿大家学业有成.

目　　录

译者序 ·· （ⅰ）
前言 ·· （ⅲ）

绪论 ·· （001）

第 1 部分

第 1 章　直线上点的坐标 ································ （005）
　1.1　数轴 ··· （005）
　1.2　数的绝对值 ······································· （008）
　1.3　两点之间的距离 ··································· （009）

第 2 章　平面里点的坐标 ································ （012）
　2.1　坐标平面 ··· （012）
　2.2　坐标之间的关系 ··································· （014）
　2.3　两点之间的距离 ··································· （017）
　2.4　确定平面图形 ····································· （020）
　2.5　我们开始解决问题 ································· （023）
　2.6　其他坐标系 ······································· （026）

第 3 章　三维空间里点的坐标 ···························· （030）
　3.1　坐标轴和坐标平面 ································· （030）
　3.2　确定空间中的图形 ································· （033）

第 2 部 分

第 4 章　引言 ·· (041)
　4.1　综合性的思考 ·· (041)
　4.2　几何有助于计算 ······································ (042)
　4.3　引入四维空间的必要性 ································ (045)
　4.4　四维空间的特性 ······································ (046)
　4.5　物理学 ·· (047)

第 5 章　四维空间 ·· (049)
　5.1　坐标轴和坐标平面 ···································· (050)
　5.2　有关距离的问题 ······································ (053)

第 6 章　四维方体 ·· (056)
　6.1　球与方体的定义 ······································ (056)
　6.2　四维方体的结构 ······································ (058)
　6.3　有关方体的问题 ······································ (064)

绪　　论

当你在报纸上看到又发射了一颗新的航天卫星的新闻时,是否会注意到相应的语句:"卫星抵达了事先计算好的轨道附近."想一想下面这个问题:卫星的轨道是一条线,我们怎么从数值上计算它? 为此,我们必须能够把几何的概念转化成数的语言,而且能够反过来借助于数定出一个点在空间中(或者在平面中,或者在地球表面,等等)的位置.

坐标方法就是能让我们用一些数或者其他符号来确定一个点或者一个物体位置的方法.

用以确定点的位置的那些数被称为该点的**坐标**.

我们所熟悉的地理学坐标确定了一个点在曲面(即地球表面)上的位置,反之地球表面上每个点也都有两个坐标:经度与纬度.

为了确定一个点在空间中的位置,我们需要的不是两个数而是三个. 比如,为了确定一颗卫星的位置,我们可以给出它距离地球表面的高度,以及它所在位置的经度和纬度.

如果已经知道卫星的运动轨迹,也就是说,如果我们知道它沿之移动的那条线,那么为了确定卫星在这条线上的位置,我们只要给出一个数就可以了. 比如,我们可以给出卫星从这条线上某个点出发所移动的距离.①

类似地,坐标方法也被用于确定铁路轨道上一个点的位置:只要指出路程千米标示牌上的数字即可. 这个数

---

① 有时候我们说线是一维的,曲面是二维的,而空间是三维的. 所谓的维数,指的是确定一个点的位置所需要的坐标个数.

字就是该点在铁路轨道上的坐标.比如,第42千米站台,其中的数字42就是这个站台的坐标.

一种特殊的坐标被用于国际象棋里,其中棋子在棋盘上的位置是由字母和数字决定的.纵列方格被标有字母,而横行方格标有数字.于是棋盘上的每个方格,都有一个表明该方格位于哪一纵列的字母和一个表明该方格所在横行的数字.在图 0.1 中,白色的兵位于方格 $a2$ 处,而黑色的兵则位于 $c4$ 处.因此,我们可以认为 $a2$ 是白兵的坐标,而 $c4$ 是黑兵的坐标.

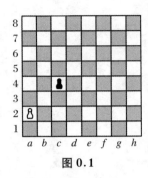

图 0.1

在国际象棋中,坐标的使用可以让我们只用字母和数字就可以下棋.为了告诉大家走哪一步,我们不需要画一个棋盘,然后再画上棋子.我们只要说"国际象棋大师把 $e2$ 移到了 $e4$"这样的话,大家就都知道这一盘棋是怎么开局的.

数学上所使用的坐标让我们能够以数的形式定出空间、平面或者曲线上任意一点的位置.由此我们可以"编码"各种各样的图形,然后用数字把它们写下来.在 2.1 节的练习中,你会看到一个用这种密码书写的例子.

坐标方法之所以特别重要,是因为有了这种方法,现代电脑不仅可以用于各种各样的计算,而且可以解决几何问题以及研究各种各样的几何对象和关系.

下面具体学习数学中所使用的坐标方法.我们将从最简单的情形开始分析:确定一个点在一条直线上的位置.

第 1 部分

第 1 章
直线上点的坐标

1.1 数轴

为了能够给出一个点在直线上的位置,我们采用下面的方法.在直线上选取一个**原点**(某个点 O)、一个**单位长度**(一条线段 e)以及一个用以指示正向的**方向**(在图 1.1 中由箭头所示).

一条标有原点、单位长度和正方向的直线被称为**数轴**.

为了确定一个点在数轴上的位置,只要给出一个数字就可以了.比如 $+5$,这个数字说明该点位于原点正方向且距离原点 5 倍单位长度的位置.

确定一个点在数轴上所处位置的数被称为该点在这条数轴上的**坐标**.

一个点在数轴上的坐标,其数值等于该点到坐标原点的距离(测量单位是给定的单位长度),且若该点位于原点的正方向,则其符号是正号,反之是负号.原点(即点 O)通常被称为**坐标原点**,它的坐标等于 0.

我们将使用诸如 $M(-7)$,$A(x)$ 等记号,前者表示一个坐标为 -7 的点 M,后者表示一个坐标为 x 的点 A.或者更简洁一点:"负七那个点""点 x",等等.

在引入坐标时,我们建立了数和直线上的点之间的对应关系.这个极其不平凡的性质是成立的:直线上的每个点都对应一个且唯一一个数,而每个数也都对应直线

图 1.1

上一个且唯一的一个点.

下面介绍一个特殊的术语:两个集合之间的一个对应关系被称为是**一一对应**,如果第一个集合中的每个元素都对应第二个集合中的唯一一个元素,而且(在同一个对应关系下)第二个集合中的每个元素都对应第一个集合中的某个元素.

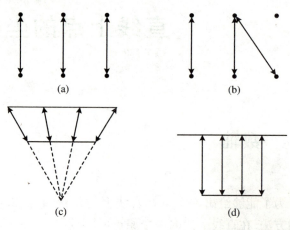

图 1.2

例如上面这个例子(图 1.2),图(a)和(c)所示的对应关系是一一对应的,而图(b)和(d)则不是.乍一看,建立直线上所有点和所有数之间的一一对应是比较简单的事情.然而,数学家们在深入思考此事后发现,为了能够准确阐明上面这句断言中各个词的意思,需要先建立一套冗长而复杂的理论.比如,下面两个看似简单实则难以回答的问题:数是什么?点又是什么?

这两个问题与几何学基础以及数的公理化密切相关.

虽然定义一个点在直线上的位置很简单,但是我们还是要仔细考虑,以便可以习惯于通过数的形式看出几何关系,反之亦然.

如果你准确理解了本节的内容,便可以毫无困难地解答我们为你准备的练习题.如果有些题目做不出来,说明你还存在某些知识没懂或者没有理解透彻.如果这样的话,再仔细地阅读一遍本节的内容.

练 习

1. (1) 在数轴上标出下面几个点：
$$A(-2), \quad B\left(\frac{13}{3}\right), \quad K(0).$$

(2) 在数轴上标出点 $M(2)$，并找出与点 M 相距三个单位处的两个点 A 和 B. 点 A 和 B 的坐标分别是什么？

2. (1) 已知点 $A(a)$ 位于点 $B(b)$ 的右边.[①] 问：a 和 b 这两个数哪个更大？

(2) 不在数轴上标点，判断下面各组点中哪个点在另一个点的右边：

① $A(-3)$ 与 $B(-4)$；

② $A(3)$ 与 $B(4)$；

③ $A(-3)$ 与 $B(4)$；

④ $A(3)$ 与 $B(-4)$.

3. 下面两个点中，哪个点位于另一个点的右边：$A(a)$ 还是 $B(-a)$？

（答案：我们无法判定. 如果 a 是正数，那么 A 位于 B 的右边；如果 a 是负数，那么 B 位于 A 的右边.）

4. 下面各组点中，哪个点位于另一个点的右边？

(1) $M(x)$ 与 $N(2x)$；

(2) $A(c)$ 与 $B(c+2)$；

(3) $A(x)$ 与 $B(x-a)$；

（答案：若 a 是大于 0 的数，则 A 在右边；若 a 是小于 0 的数，则 B 在右边；若 $a=0$，则 A 与 B 重合.）

(4) $A(x)$ 与 $B(x^2)$.

5. 在数轴上标出点 $A(-5)$ 与 $B(7)$，并找出线段 AB 的中点的坐标.

6. 用红笔分别在数轴上标出其坐标满足下述条件的点：

(1) 整数；

(2) 正数.

7. 在数轴上标出其坐标满足下述条件的所有点：

[①] 从这里开始，我们将始终假定数轴是水平放置的，且数轴的正向为从左到右.

(1) $x<2$；

(2) $x\geqslant 5$；

(3) $2<x<5$；

(4) $-3\dfrac{1}{4}\leqslant x\leqslant 0$.

1.2 数的绝对值

当我们说一个数 x 的**绝对值**（或者数 x 的**模**）时，指的是点 $A(x)$ 到坐标原点的距离．

通过在两边加两条竖线的方式来表示绝对值：$|x|$ 代表数 x 的绝对值．例如，$|-3|=3$，$\left|\dfrac{1}{2}\right|=\dfrac{1}{2}$.

由此我们可以知道：

若 $x>0$，则 $|x|=x$；

若 $x<0$，则 $|x|=-x$；

若 $x=0$，则 $|x|=0$.

因为 a 和 $-a$ 所代表的点与坐标原点的距离相同，所以数 a 和 $-a$ 的绝对值是相同的：$|a|=|-a|$.

练 习

1. 表达式 $|x|/x$ 可以取哪些值？

2. 改写下列表达式，使之不含有绝对值符号：

(1) $|a^2|$；

(2) $|a-b|$，其中 $a>b$；

(3) $|a-b|$，其中 $a<b$；

(4) $|-a|$，其中 a 是一个负数.

3. 已知 $|x-3|=x-3$，则 x 可以取什么值？

4. 若 x 分别满足下列条件，则点 x 位于数轴上的什么位置？

(1) $|x|=2$；

(2) $|x|>3$.

解 若 x 是一个正数，则 $|x|=x$，于是 $x>3$；若 x 是一个负数，则 $|x|=-x$；于是从不等式 $-x>3$ 可以得到

$x < -3$.

(答案:点 -3 的左边或者点 3 的右边. 如果注意到 $|x|$ 表示点 x 到坐标原点的距离,我们还可以更快得到这个答案. 因为很明显我们所要找的点位于与坐标原点距离大于 3 的位置,只要作出草图就能看出答案.)

(3) $|x| \leqslant 5$;

(4) $3 < |x| < 5$;

(5) $|x-2| = 2-x$.

5. 解下列方程:

(1) $|x-2| = 3$;

(2) $|x+1| + |x+2| = 1$.

(答案:第二个方程有无穷多个解;所有的解恰好构成线段 $-2 \leqslant x \leqslant -1$;也就是说,任何大于或等于 -2 且小于或等于 -1 的数都满足这个方程.)

1.3 两点之间的距离

我们从练习题开始. 找出下面各组点之间的距离:

(1) $A(-7)$ 与 $B(-2)$;

(2) $A\left(-3\dfrac{1}{2}\right)$ 与 $B(-9)$.

这两个题目并不难求解,因为知道这些点的坐标,我们就可以清楚哪个点在另一个点的右边,它们相对于坐标原点分别位于什么位置,等等. 由此很容易看出应该怎样计算所求的距离.

现在我们来推导数轴上两点之间距离的一般公式. 换言之,就是求解下面这个问题:

问题 1.1 给定两个点 $A(x_1)$ 与 $B(x_2)$,求它们之间的距离 $d(A,B)$.[①]

解 因为我们并不知道这些点的坐标的具体数值,所以有必要先画出点 A、B 和 O(原点)之间相互位置的所有可能情形.

---

① 字母 d 一般被用于标示一个距离. 表达式 $d(A,B)$ 代表的是点 A 与点 B 之间的距离.

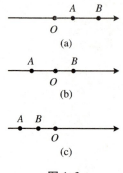

图 1.3

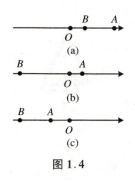

图 1.4

总共有六种可能性. 让我们先看看点 B 在点 A 右边的三种情形, 如图 1.3(a)、(b) 和 (c) 所示. 对于第一种情形 [图 1.3(a)], 所求的距离 $d(A,B)$ 等于点 B 和点 A 到原点的距离之差. 因为在这种情况下 x_1 和 x_2 都是正的, 即

$$d(A,B) = x_2 - x_1.$$

对于第二种情形 [图 1.3(b)], 所求的距离等于点 B 和点 A 到原点的距离之和; 也就是说, 与以前一样我们有

$$d(A,B) = x_2 - x_1,$$

因为此时 x_2 是正的, 而 x_1 是负的.

请读者自行说明在第三种情形下 [图 1.3(c)], 所求距离将由相同的公式给出.

另外三种情形 (图 1.4) 与刚刚考虑过的情形差别不大, 仅仅是将点 A 和点 B 的位置互换. 在每种情形下, 我们都可以验证点 A 和点 B 之间的距离为

$$d(A,B) = x_1 - x_2.$$

因此在所有 $x_2 > x_1$ 情形下, 距离 $d(A,B)$ 都等于 $x_2 - x_1$, 而在所有 $x_1 > x_2$ 情形下, $d(A,B)$ 都等于 $x_1 - x_2$. 回忆一下绝对值的定义, 我们可以写出一个对这所有六种情形都成立的统一公式:

$$d(A,B) = |x_1 - x_2|.$$

也可以把这个公式写为

$$d(A,B) = |x_2 - x_1|.$$

严格来说, 我们还应该考虑 $x_1 = x_2$ (即点 A 和点 B 重合) 的情形. 很明显, 在这种情况下依然有

$$d(A,B) = |x_2 - x_1|.$$

这样, 我们就完全解决了前面所提出来的问题.

1. 在数轴上标出满足条件的点 x:
   (1) $d(x,7) < 3$;
   (2) $|x-2| > 1$;
   (3) $|x+3| = 3$.

2. 给定数轴上的两点 $A(x_1)$ 与 $B(x_2)$, 求线段 AB 的中点坐标.

(**提示**:在解决这个问题时,需要考虑点 $A(x_1)$ 和 $B(x_2)$ 在数轴上所有可能的排布方式,或者写下一个同时对所有情形都有效的解.)

3. 已知数轴上一个点与点 $A(-9)$ 之间的距离是它与点 $B(-3)$ 之间距离的两倍,求该点的坐标.

4. 用两点间距离的概念求解1.2节练习部分第5题的方程(1)和(2).

5. 解下列方程:

(1) $|x+3|+|x-1|=5$;

(2) $|x+3|+|x-1|=4$;

(3) $|x+3|+|x-1|=3$;

(4) $|x+3|-|x-1|=5$;

(5) $|x+3|-|x-1|=4$;

(6) $|x+3|-|x-1|=3$.

第 2 章
平面里点的坐标

2.1 坐标平面

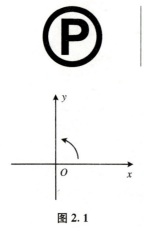

图 2.1

为了确定平面上某点的坐标,我们需要作两条互相垂直的数轴.其中一条被称为**横坐标轴**或 x **轴**(或 Ox),另一条则被称为**纵坐标轴**或 y **轴**(或 Oy).

通常这两条数轴的方向的选取是,使得正半轴 Ox 在沿逆时针方向旋转 $90°$ 后会与正半轴 Oy 重合(图 2.1).我们把这两条轴的交点称为**坐标原点**(或简单地称为**原点**),并用字母 O 来标示.它同时是坐标轴 Ox 和 Oy 的坐标原点.一般来说,这两条坐标轴上的单位长度也是相同的.

在平面上取定某个点 M,从它出发向坐标轴 Ox 和 Oy 作垂线(图 2.2).这些垂线与坐标轴的交点 M_1 和 M_2 被称为点 M 在相应坐标轴上的**投影**.

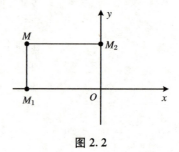

图 2.2

点 M_1 位于坐标轴 Ox 上,因此有一个确定的数 x 与之对应.这个数是点 M 在 x 轴上的坐标.同样地,点 M_2

对应着某个数 y，它是点 M 在 y 轴上的坐标.

通过这种方式，平面里的每个点 M 都对应着两个数 x 和 y，它们被称为点 M 的**笛卡儿直角坐标**. 数 x 称为点 M 的**横坐标**，数 y 是它的**纵坐标**.

另一方面，对于每对数字 x 和 y，都可以确定平面中的一个点，使得 x 是这个点的横坐标，而 y 是其纵坐标.

这样我们就建立了平面中的点和按特定顺序（首先是 x，然后是 y）取的数对 x 和 y 之间的一一对应关系.①

因此，平面里一个点的**笛卡儿直角坐标**恰好是该点在坐标轴上的投影在相应坐标轴上的坐标.

点 M 的坐标通常被写成：$M(x, y)$. 总是先写横坐标，再写纵坐标. 通常，我们不说"坐标为$(3,-8)$的点"，而说"点$(3,-8)$".

坐标轴把平面分成四个**四分之一等份（象限）**. 第一象限为正半轴 Ox 与正半轴 Oy 之间的象限，其他象限按逆时针方向依次编号（图 2.3）.

为了掌握平面中坐标的概念，先进行一些练习吧.

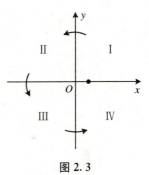

图 2.3

我们首先给出一些非常简单的习题.

1. 下列点是什么意思？

$(6,2),(9,2),(12,1),(12,0),(11,-2),(9,-2),$
$(4,-2),(2,-1),(1,1),(-1,1),(-2,0),(-2,-2),$
$(2,1),(5,2),(12,2),(9,1),(10,-2),(10,0),(4,1),$
$(2,2),(-2,2),(-2,1),(-2,-1),(0,0),(2,0),$
$(2,-2),(4,-1),(12,-1),(12,-2),(11,0),(7,2),$
$(4,0),(9,0),(4,2).$

2. 不标出点 $A(1,-3)$，说出它在哪个象限.

3. 若一个点的横坐标是正的，则它可能在哪个象限？

4. 在第二象限的点，其横、纵坐标的正负性分别是什么？第三象限呢？第四象限呢？

5. 在坐标轴 Ox 上取定一个坐标为 -5 的点，它在平

---

① 平面里的点与数对之间的一一对应关系是：每个点都对应一个确定的数对，每个数对也都对应一个确定的点(1.1 节).

面里的坐标是什么?

(**答案**:这个点的横坐标等于 -5,其纵坐标等于 0.)

下面是一些较复杂的习题.

6. 标出点 $A(4,1)$、$B(3,5)$、$C(-1,4)$ 和 $D(0,0)$. 如果四个点标出的位置均正确,将在平面中得到一个正方形的四个顶点. 这个正方形的边长是多少? 面积是多少?① 并求出该正方形各边中点的坐标. 你能证明四边形 $ABCD$ 是一个正方形吗? 再找出四个点(给出它们的坐标),使之可以形成一个正方形.

7. 画一个正六边形 $ABCDEF$. 以点 A 为原点,以点 A 指向点 B 的方向为横轴,线段 AB 为测量单位. 求这个六边形所有顶点的坐标. 这个问题有多少个解?

8. 在平面给定点 $A(0,0)$、$B(x_1,y_1)$ 和 $D(x_2,y_2)$. 为了让四边形 $ABCD$ 构成一个平行四边形,点 C 的坐标应该是多少?

2.2 坐标之间的关系

如果一个点的两个坐标都是已知的,它在平面里的位置就是完全确定的. 如果只有一个坐标是已知的,那么关于它的位置我们能说什么呢? 例如,横坐标等于 3 的所有点都在哪里? 有一个坐标等于 3 的所有点又都在哪里?

一般来说,指定两个坐标中的一个就能确定某条曲线. 事实上,儒勒·凡尔纳(Jules Verne)的小说《格兰特船长的儿女》的故事情节就是基于这个事实. 这本书的主角们只知道海难发生地的一个坐标(纬度),因此,他们不得不沿着整条纬圈,即每个点的纬度都等于 $37°11'$ 的线绕地球一周,才能查遍所有可能的位置.

坐标之间的关系式通常不是确定一个点,而是确定了一个**点集**(一组点). 例如,如果把所有横坐标等于纵坐标的点都标出来,也就是说,标出那些坐标满足关系式

$$x = y$$

---

① 我们取面积的度量单位为其边长等于坐标轴上度量单位的正方形的面积.

的点,那么我们就得到一条直线:第一和第三象限的角平分线(图 2.4).

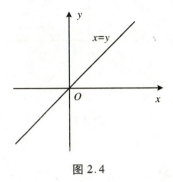

图 2.4

有时,我们不说"点集",而说"点的轨迹".例如,坐标满足

$$x = y$$

的点的轨迹,就如上面所说,是第一和第三象限的角平分线.

当然,我们不应该假定坐标之间的每一个关系式都必然给出平面上的一条直线.例如,我们可以很容易地看到关系式 $x^2 + y^2 = 0$ 确定了一个点,即原点.而任何一个点的坐标都不会满足关系式 $x^2 + y^2 = -1$(它所确定的是所谓的**空集**).

关系式

$$x^2 - y^2 = 0$$

给出了一对相互垂直的直线(图 2.5).而关系式 $x^2 - y^2 > 0$ 则给出了图 2.6 中的整个阴影区域.

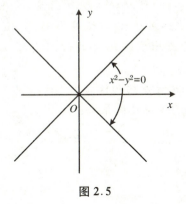

图 2.5

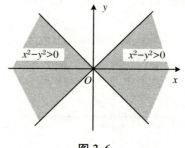

图 2.6

1. 试画出由下列关系式确定的区域.
   (1) $|x|=|y|$;
   (2) $x/|x|=y/|y|$;
   (3) $|x|+x=|y|+y$;
   (4) $[x]=[y]$①;
   (5) $x-[x]=y-[y]$;
   (6) $x-[x]>y-[y]$. (本题的答案由图 6.4 给出.)

2. 一条笔直的小路把草地和田野分开. 一位行人在小路上的行走速度是每小时 5 千米, 穿过草地的速度是每小时 4 千米, 穿过田野的速度是每小时 3 千米. 最初, 行人在小路上. 画出这位行人在 1 小时内可以走到的区域.

3. 平面被两条坐标轴分成四个象限. 在第一和第三象限(包括坐标轴)可以以速度 a 行走, 而在第二和第四象限(不包括坐标轴)可以以速度 b 行走. 在下述条件下, 分别画出从原点出发在给定的时间内可以到达的点的集合:
   (1) 速度 a 是 b 的两倍;
   (2) 两个速度满足关系式:
   $$a=b\sqrt{2}.$$

---

① 符号 $[x]$ 表示数字 x 的整数部分, 即不超过 x 的最大整数. 例如, $[3.5]=3, [5]=5, [-2.5]=-3$.

2.3 两点之间的距离

现在可以用以数字表示的术语来谈论点了. 例如, 我们不必说"取位于 y 轴右侧 3 个单位、x 轴下方 5 个单位的点", 而只要简单地说"取点 $(3,-5)$".

我们曾经提过, 这样做的优势是很明显的. 由此, 我们可以通过电报机或者计算机来传输一幅由很多点组成的图形: 虽然电报机或计算机无法直接传输图形, 但它们可以传输数字.

在 2.2 节中, 我们借助数字之间的关系给出了平面上的一些点集. 现在让我们试着把其他一些几何概念和事实翻译成数字的语言.

我们将从一个简单而常规的问题开始.

问题 2.1 求平面中两点之间的距离.

和通常一样, 我们假定这些点是由它们的坐标给出的; 因此, 上述问题可以归结为: 找到一个规则, 使得只需知道两个点的坐标就可以根据该规则计算出这两点之间的距离. 虽然在这个规则的推导过程中, 我们可以使用草图, 但是该规则本身不能包含对草图的任何引用, 必须只表明应该怎样以及用何种顺序对给定的数字(两点的坐标)进行运算, 以获得所需的数字, 即两点之间的距离.

对一些读者来说, 上述解决问题的方法可能会显得奇怪和不自然. 他们可能会说, 既然这些点是给定的, 虽然给出的只是它们的坐标, 但还有什么比画出这些点, 然后用尺子测量它们之间的距离更简单的方法呢?

这种方法有时并不太坏. 比如再次假设你在与一台数字计算机打交道. 它里面没有尺子, 也不会画画; 但是它的计算速度很快[①], 以至于可以轻易用上述方法算出距离. 注意, 根据我们问题的提法, 计算两点之间距离的规

[①] 现代计算机器可以每秒进行成千上万次的加法和乘法运算.

则是由机器可以执行的命令组成的.

对于我们所提的问题,最好先解决一种特殊情况,即给定点之一位于坐标原点的情形.我们可以从一些数值例子开始,比如分别找出点(12,5)、(−3,15)和(−4,7)到原点的距离.

(**提示**:使用勾股定理.)

现在写出用于计算一个点到坐标原点距离的一般公式.

[**答案**:点 $M(x,y)$ 到坐标原点的距离由如下公式给出:

$$d(O,M) = \sqrt{x^2 + y^2}.$$
]

显然,由上式所表示的规则满足前面设定的条件.特别地,能够相乘、相加以及开平方根的机器可以用该公式进行计算.

现在我们来解一般问题.

问题 2.2 给定平面上的两点,$A(x_1,y_1)$ 和 $B(x_2,y_2)$,求它们之间的距离 $d(A,B)$.

解 我们用 A_1, B_1, A_2, B_2(图 2.7)分别表示点 A 和 B 在坐标轴上的投影.

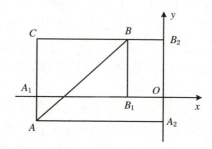

图 2.7

用字母 C 表示直线 AA_1 和 BB_2 的交点.在我们得到的直角三角形 ABC 中,根据勾股定理①,有

$$d^2(A,B) = d^2(A,C) + d^2(B,C). \quad (2.1)$$

但是线段 AC 的长度等于线段 A_2B_2 的长度.点 A_2 和 B_2 位于 Oy 轴上,其坐标分别为 y_1 和 y_2.根据1.3节所得到的公式,它们之间的距离等于 $|y_1 - y_2|$.

---

① 我们用 $d^2(A,B)$ 表示距离 $d(A,B)$ 的平方.

通过类似的论证，我们发现线段 BC 的长度等于 $|x_1 - x_2|$. 将得到的 AC 和 BC 值代入式子(2.1)中，我们得到

$$d^2(A, B) = (x_1 - x_2)^2 + (y_1 - y_2)^2.$$

因此，$d(A, B)$ [即点 $A(x_1, y_1)$ 和点 $B(x_2, y_2)$ 之间的距离] 是由下述公式给出的：

$$d(A, B) = \sqrt{(x_1 - x_2)^2 + (y_1 - y_2)^2}.$$

注意，我们的整个论证不仅对图 2.7 所示的两点的排布有效，而且对两点的其他排布方式都有效.

你可以绘制另一张草图，比如，取 A 为第一象限的点而 B 为第二象限的点，然后可以完全重复整个论证，甚至点的名称都不必改变.

还需注意，1.3 节中关于直线上两点间的距离公式可以写成类似的形式[①]：

$$d(A, B) = \sqrt{(x_1 - x_2)^2}.$$

1. 给定平面上的三个点 $A(3, -6)$、$B(-2, 4)$ 和 $C(1, -2)$. 证明：这三个点位于同一条直线上.

（**提示**：证明三角形 ABC 的一条边长等于另外两条边长之和.）

---

① 我们要用到如下事实

$$\sqrt{x^2} = |x|.$$

注意，使用的是算术平方根. 若错误地使用这个规则（有时会错误地算出 $\sqrt{x^2} = x$），就可能导致不正确的结论. 例如，下面给出了一个包含有该错误的推理链，请你找找错在哪里：

$$1 - 3 = 4 - 6 \Rightarrow 1 - 3 + \frac{9}{4} = 4 - 6 + \frac{9}{4}$$
$$\Rightarrow \left(1 - \frac{3}{2}\right)^2 = \left(2 - \frac{3}{2}\right)^2$$
$$\Rightarrow \sqrt{\left(1 - \frac{3}{2}\right)^2} = \sqrt{\left(2 - \frac{3}{2}\right)^2}$$
$$\Rightarrow 1 - \frac{3}{2} = 2 - \frac{3}{2}$$
$$\Rightarrow 1 = 2.$$

2. 利用两点之间的距离公式证明如下定理：在任意一个平行四边形中，四条边的平方和等于两条对角线的平方和.

（**提示**：取该平行四边形的一个顶点为坐标原点，然后利用 2.1 节练习部分第 8 题的结果，你会发现该定理的证明被简化为检验一个简单的代数恒等式，是哪个呢？）

3. 利用坐标方法，证明如下定理：如果 ABCD 是一个矩形，那么对于任意点 M，等式
$$AM^2 + CM^2 = BM^2 + DM^2$$
总成立. 最方便的设置坐标轴的方法是什么？

2.4 确定平面图形

在 2.2 节中，我们介绍了一些通过坐标之间的关系确定平面中的图形的例子. 现在我们将利用数之间的关系进一步深入研究几何图形.

我们把每个图形都看作一组点，即位于图形上的点；给出一个图形将意味着建立一种方法来判断一个点是否属于正在研究的图形.

为了找到这样一种方法，例如，对于圆，我们使用圆的定义，它是由若干个点组成的集合，这些点到某个点 C（圆心）的距离等于一个数字 R（半径）. 这意味着为了使点 $M(x,y)$（图 2.8）位于圆心为 $C(a,b)$ 的圆上，需要且只要 $d(M,C)$ 等于 R.

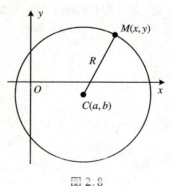

图 2.8

让我们回忆一下,两点之间的距离是由下述公式给出的:
$$d(A,B)=\sqrt{(x_1-x_2)^2+(y_1-y_2)^2}.$$
因此,点 $M(x,y)$ 位于圆心为 $C(a,b)$ 且半径为 R 的圆上的条件可以被表示成关系式:
$$\sqrt{(x-a)^2+(y-b)^2}=R,$$
而该式又可以被改写为
$$(x-a)^2+(y-b)^2=R^2. \qquad (2.2)$$

因此,为检验一个点是否在该圆上,我们只需要验算这个点是否满足关系式(2.2).为此,我们必须用给定点的坐标替换式(2.2)中的 x 和 y.如果得到一个等式,那么这个点就在该圆上;否则,这个点就不在该圆上.知道方程式(2.2),我们就可以确定平面上给定的点是否在该圆上.因此,方程式(2.2)被称为圆心为 $C(a,b)$ 且半径为 R 的圆的标准方程.

1. 写出圆心为 $C(-2,3)$、半径为 5 的圆的方程.这个圆经过点 $(2,1)$ 吗?

2. 证明:方程
$$x^2+2x+y^2=0$$
给出了平面中的某个圆.求它的圆心和半径.

[提示:把方程化成如下形式
$$(x^2+2x+1)+y^2=1,$$
即
$$(x+1)^2+y^2=1.$$
]

3. 由不等式 $x^2+y^2 \leqslant 4x+4y$ 所确定的点集是什么?

[答案:把不等式改写为
$$x^2-4x+4+y^2-4y+4 \leqslant 8,$$
即
$$(x-2)^2+(y-2)^2 \leqslant 8.$$
现在就很清楚了,这个关系式说明所求的集合中任意点到点 $(2,2)$ 的距离小于或等于 $\sqrt{8}$.显然,满足该条件的点填满了以点$(2,2)$为圆心、半径为$\sqrt{8}$的圆.由于关系中允许两边相等,所以这个圆的边界也属于该集合.]

我们已经看到平面上的圆可以用方程来表示.我们也可以用类似的方法确定其他曲线,但它们的方程是不同的.

我们已经说过,方程$x^2-y^2=0$确定了一对直线(见2.2节).现在让我们更细致地研究一下这个问题.如果$x^2-y^2=0$,那么$x^2=y^2$,也就是$|x|=|y|$.另一方面,如果$|x|=|y|$,则$x^2-y^2=0$.因此,这些关系式是等价的.但任意点的横坐标的绝对值等于该点到Oy轴的距离,其纵坐标的绝对值等于它到Ox轴的距离.这意味着满足条件$|x|=|y|$的点与两个坐标轴等距,也就是说,满足条件$|x|=|y|$的点位于由这些轴所夹角的两条平分线上.反过来,很显然这两条角平分线上任意点的坐标满足关系式$x^2=y^2$.因此,这两条平分线上的点的方程是$x^2-y^2=0$.

当然,还有其他由方程给出的曲线的例子.例如,以原点为顶点的一条抛物线上所有点都满足方程$y=x^2$,且满足该方程的点都在这条抛物线上.方程$y=x^2$被称为这条**抛物线**的**方程**.

一般来说,当我们说起一条**曲线**的**方程**时,通常指的是这样一个方程:当用该曲线上任意点的坐标代替方程中的x和y时,方程成为一个恒等式;而当用任意一个不在该曲线上的点的坐标代入方程时,方程不成立.

甚至不必知道方程
$$(x^2+y^2+y)^2=x^2+y^2$$
所确定的曲线是什么形状,但我们依然可以知道它经过原点,因为$(0,0)$满足这个方程.同样地,我们也知道点$(1,1)$不在该曲线上,因为
$$(1^2+1^2+1)^2\neq 1^2+1^2.$$
如果你有兴趣了解这个方程所描述的曲线,可以看图2.9.这条曲线被称为**心形曲线**,因为它的形状像是一颗心脏.

如果一台电脑能对某人产生爱意,它很可能会通过方程式的形式把心形图案传输给他;另一方面,它可能也会送出一束"数学花朵",如图2.10所示.如你所见,这些

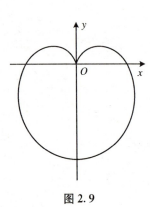

图 2.9

曲线和花朵真的非常相似.在 2.6 节中,当熟悉极坐标后,我们将写出这些"数学花朵"的方程.

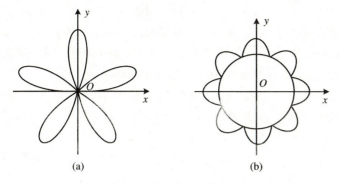

图 2.10

2.5 我们开始解决问题

将几何概念翻译成坐标语言,使我们可以用代数方法求解几何问题.事实上,在经过这样的翻译之后,大多数与线和圆相关的问题都引出了一次和二次方程;而这些方程的解有简单的一般公式.[应该指出的是,在 17 世纪也就是坐标法被发明之时,代数方程的求解艺术已经达到了一个很高水平.例如,当时数学家们已经学会了如何求解任意的三次和四次方程.法国哲学家笛卡儿(René Descartes,1596—1650)在发明坐标法时,得以自豪地说:"我已经解决了所有的问题."即他那个时代的几何问题.]

现在我们将用一个简单的例子来说明怎样把几何问题约化为代数问题.

问题 2.3 给定三角形 ABC,求出这个三角形外接圆的圆心.

解 取点 A 为坐标原点,取从点 A 到点 B 的方向为 x 轴.于是,点 B 的坐标是 $(c, 0)$,其中 c 为线段 AB 的长度.记点 C 的坐标为 (q, h),且记所求的圆心坐标为 (a, b).把这个圆的半径记为 R,用坐标的语言表示出点 $A(0, 0)$、点 $B(c, 0)$ 和点 $C(q, h)$ 位于所求的圆上:

$$a^2 + b^2 = R^2,$$
$$(c - a)^2 + b^2 = R^2,$$
$$(q - a)^2 + (h - b)^2 = R^2.$$

这些条件表明点 $A(0,0)$、点 $B(c,0)$ 和点 $C(q,h)$ 到圆心 (a,b) 的距离等于半径这一事实. 如果写出未知圆[圆心为 (a,b),半径为 R 的圆]的方程,即
$$(x - a)^2 + (y - b)^2 = R^2,$$
然后用圆上的点 A、点 B 和点 C 的坐标替换 x 和 y,也很容易得到这些条件.

这个由三个方程组成的含有三个未知数的方程组很容易求解,由此我们得到
$$a = \frac{c}{2},$$
$$b = \frac{q^2 + h^2 - cq}{2h},$$
$$R = \frac{\sqrt{(q^2 + h^2)[(q - c)^2 + h^2]}}{2h}.$$

于是问题解决了,因为我们已经找到了圆心的坐标.[①]

注意,我们同时还得到了一个用来计算三角形外接圆半径的公式. 由于 $\sqrt{q^2 + h^2} = d(A, C)$,$\sqrt{(q-c)^2 + h^2} = d(B, C)$,且 h 的大小等于三角形 ABC 从顶点 C 出发的高,因此我们可以简化 R 的公式. 若将该三角形的两边 BC 和 AC 的长度分别记为 a 和 b,那么外接圆半径就有如下优美而有用的形式:
$$R = \frac{ab}{2h}.$$

又 $hc = 2S$,其中 S 为三角形 ABC 的面积,因此可以把上述公式写成如下形式:
$$R = \frac{abc}{4S}.$$

现在我们来看看另一个很有趣的问题,因为它的几何解法很复杂,但是如果把它转换成坐标语言,它的解就会变得十分简单.

问题 2.4 给定平面里的两个点 A 和 B,找出与点 A 的距离是与点 B 的距离的两倍的点 M 的轨迹.

---

① 注意,在这个问题的解答中,我们没有借助于草图.

解 首先在平面上选择一个坐标系,使原点位于点 A,而 x 轴的正向则沿着 AB 的方向,取 AB 的长度为单位长度.于是,点 A 具有坐标 $(0,0)$,点 B 具有坐标 $(1,0)$. 记点 M 的坐标为 (x,y).条件 $d(A,M) = 2d(B,M)$ 用坐标可以表示为如下方程:

$$\sqrt{x^2 + y^2} = 2\sqrt{(x-1)^2 + y^2}.$$

至此,我们已经得到了所求的点的轨迹方程.为了确定这个轨迹是什么样子的,我们把上述方程转换成一个更熟悉的形式.两边平方,去掉括号,然后合并同类项,得到方程:

$$3x^2 - 8x + 4 + 3y^2 = 0.$$

这个方程可以改写为

$$x^2 - \frac{8}{3}x + \frac{16}{9} + y^2 = \frac{4}{9},$$

即

$$\left(x - \frac{4}{3}\right)^2 + y^2 = \left(\frac{2}{3}\right)^2.$$

由此可知,这个方程是圆心为 $\left(\frac{4}{3}, 0\right)$、半径为 $\frac{2}{3}$ 的圆的方程.这意味着我们所要求解的点的轨迹是一个圆.

在解法中,$d(A,M)$ 恰好是 $d(B,M)$ 的两倍这个条件并不必要,事实上我们已经解决了一个更一般的问题: 证明了**到给定的点 A 和点 B 的距离之比是常数**

$$\frac{d(A,M)}{d(B,M)} = k \qquad (2.3)$$

(其中 k 是一个给定的不等于 1 的正数)**的点 M 的轨迹是一个圆**.[①]

为了说明坐标法的强大,也可以试试用几何的方法求解这个问题.

(**提示**:在点 M 处作三角形 AMB 内角与外角的角平分线.设 K 和 L 为这些平分线与直线 AB 的交点.证明这些点的位置不依赖于所求的点的轨迹里点 M 的选择.证明角 KML 等于 $90°$.)

[①] 我们已经排除了 $k = 1$ 的情形;你当然知道在这种情况下公式 (2.3) 的轨迹是一条直线(点 M 到点 A 和点 B 的距离相等). 试详细论证此结论.

需要指出的是,早在古希腊时代,人们就已经知道如何求解此类问题.几何解可以在古希腊数学家阿波洛尼乌斯(Apollonius,公元前 2 世纪)的著作《论圆》中找到.

试着求解下述问题:

求到给定两点 A 和 B 之间距离的平方之差等于 c 的所有点 M 的轨迹.当 c 取何值时,问题有解?

2.6 其他坐标系

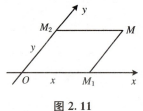

图 2.11

在平面上,人们也常常使用笛卡儿直角坐标系之外的其他坐标系.图 2.11 描绘了一个斜直角坐标系.从图中可以清楚地看出,在这样一个坐标系中,点的坐标是如何定义的.在某些情形下,不同的坐标轴可以采用不同的测量单位.

有些坐标系与笛卡儿直角坐标系有着本质的不同.其中的一个例子就是我们已经提到过的极坐标系.

平面里一点的极坐标是用如下方式确定的:

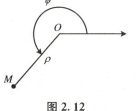

图 2.12

在平面中选定一条数轴(图 2.12),数轴上的坐标原点(点 O)称为**极点**,而数轴自身则被称为**极轴**.

要确定一个点 M 的位置,只要给出两个数字——**极径** ρ(该点到极点的距离)和**极角** ϕ(从极轴沿逆时针方向转到半直线 OM 的旋转角).在我们的示意图中,极径等于 3.5 而极角等于 $225°$,即 $5\pi/4$.[①]

因此在极坐标系中,一个点的位置由两个数字确定,它们分别表示这个点所在的方向和到这个点的距离.这种定位方法简单易行且应用广泛.例如,为了向某位迷失在森林中的人指明出路,人们可以这样说:"从烧焦的松树(极点)出发,向东(方向)走 2 千米(极径),在那里你会

① 在极坐标系统中,测量角度要么使用度,要么使用**弧度**,即半径为 1 的圆周上长度为 1 的弧所形成的圆心角.由半径为 1 的整个圆所形成的 $360°$ 的周角对应的弧度是 2π,$180°$ 的角对应的弧度是 π,直角是 $\pi/2$,$45°$ 的角是 $\pi/4$,如此等等.1 弧度等于 $180°/\pi$ $\approx 180°/3.14 \approx 57°17'45''$.事实上,在很多问题中,弧度制都比度数制方便得多.

发现一座乡间小屋(点)."

任何一位旅行过的人都能很容易看到,沿着某个特定的方位行走是基于极坐标的原理的.

与笛卡儿坐标系一样,极坐标系可以用于指定平面里的不同点集. 例如,只要我们把圆心取作极点,那么圆的方程在极坐标系里就是非常简单的. 如果圆的半径等于 R,那么圆上任意点的极径(且仅有在圆上的这些点的极径)也等于 R,因而这个圆的方程具有如下形式:
$$\rho = R,$$
其中 R 是一个常数.

若 α 是某个常数,比如 $1/2$ 或者 $3\pi/2$,那么由方程 $\phi = \alpha$ 所确定的点集将是什么呢? 答案是很清楚的:那些 ϕ 为常数且等于 α 的点恰好构成一条半直线,它从极点向外,与极轴夹角为 α. 例如,若 $\alpha = 1/2$,则这条半直线就以一个近似于 $28°$①的角通过. 而如果 $\alpha = 3\pi/2$,则该半直线会垂直向下;也就是说,极轴的正方向与该半直线的夹角等于 $270°$.

让我们再举两个例子. 方程
$$\rho = \phi$$
描述的是一个螺旋[图 2.13(a)]. 事实上,若 $\phi = 0$,则得到 $\rho = 0$(极点);而随着 ϕ 值的增加,ρ 值也会增加,所以最后得到一个绕着极点(沿逆时针方向)运动且离它越来越远的点.

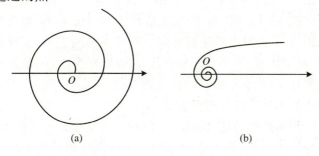

图 2.13

---

① 回忆一下,作为坐标 ϕ 的数值需要被解释为角度的弧度值(参阅前面的注释). $1/2$ 弧度的角约等于 $28°$;$3\pi/2$ 弧度的角(精确地)等于 $270°$.

另一个螺旋由方程

$$\rho = \frac{1}{\phi}$$

所描述[(图2.13(b)]. 在这种情况下, 当 ϕ 接近于 0 时, ρ 的值很大; 但随着 ϕ 值的增加, ρ 会减少, 且当 ϕ 很大时, ρ 会变得非常小. 因此, 这个螺旋在 ϕ 增大至无穷时将会绕着圈趋近于点 O.

对大家来说, 在极坐标系中的曲线方程可能更难理解, 特别是对于那些未学习三角函数的读者. 对这个主题比较熟悉的读者, 可以试着找出下面这些关系分别决定了哪些点集:

$$\rho = \sin \phi, \quad \rho(\cos \phi + \sin \phi) + 1 = 0.$$

极坐标系在某些情况下比笛卡儿坐标系更方便. 例如, 下面是极坐标系中的心型线方程(见2.4节):

$$\rho = 1 - \sin \phi.$$

相比于直角坐标系中的曲线方程, 如果你知道三角函数的一些知识, 那便可以更容易地从上面这个式子出发把曲线形象化. 在极坐标系中, 也可以通过下面这个非常简单的方程来描述图2.10中所示的花朵:

$$\rho = \sin 5\phi \quad [图2.10(a)],$$
$$(\rho - 2)(\rho - 2 - |\cos 3\phi|) = 0 \quad [图2.10(b)].$$

我们未讨论平面上的点和其极坐标之间的一一对应关系. 这是因为这种一对一的对应根本不存在. 事实上, 如果把 2π (即 360°角)的任意整数倍加到角 ϕ 上, 那么与极轴成角 ϕ 的半直线的方向显然是没有改变的. 也就是说, 对于任意 $\rho > 0$ 和任意整数 k, 极坐标为 (ρ, ϕ) 的点和极坐标为 $(\rho, \phi + 2k\pi)$ 的点是重合的. 下面介绍另一个对应关系不是一对一的例子.

在绪论中, 我们提到了在曲线上定义坐标是可能的, 而在第1章中, 我们学习了最简单的曲线即直线上的坐标. 现在我们将说明在另一条曲线(圆)上定义坐标是可能的. 为此, 就像在第1章中一样, 我们选择圆上的某点为原点(图2.14中的点 O). 像通常一样, 我们将顺时针方向作为圆周上运动的正方向. 类似地, 用一种自然的方式来选择圆上的度量单位: 我们取圆的半径作为度量单位. 那么圆上点 M 的坐标就是弧 OM 的长度, 如果从点

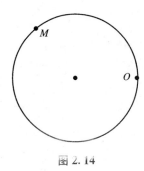

图 2.14

O 到点 M 的旋转方向是正的,则取正号,反之取负号.

这些坐标与直线上点的坐标之间的一个重要区别立即变得明显起来:这里的数字(坐标)与点之间没有一一对应关系.很明显,每个数都恰好确定了圆上的一个点.但是,假设数 a 是给定的;为了找到圆上对应于它的点(即坐标为 a 的那个点),我们必须在圆上放置一段长度为 a 倍半径的弧,且若 a 是正的,则该弧沿着正方向放置;若 a 是负的,则沿着负方向放置.因此,坐标 2π 的点就与原点重合了.在这个例子中,当坐标等于 0 和 2π 时,都能得到点 O.因此,这个对应在另一个方向上不是单值的;也就是说,同一个点对应的不是一个数.我们很容易看到:圆上的每一个点都对应着无穷多个数.[①]

[①] 注意,如果用弧度来表示极坐标系的角度,则上面为圆上的点所引入的坐标就与极坐标系的极角一致.因此,这里再次说明了极坐标不是一对一的.

第 3 章
三维空间里点的坐标

3.1 坐标轴和坐标平面

定义一个点在空间中的位置,需要的不是两个数轴(如同在平面的情形下),而是三个数轴:x 轴、y 轴和 z 轴.这些轴都通过一个公共点(**坐标原点 O**),而且它们中的任何两个都是相互垂直的.通常,这些数轴的正方向是这样选取的:如果从 z 轴的正方向往下看,x 轴的正半部分在逆时针旋转 90°后将与 y 轴的正半部分重合,如图 3.1 所示.

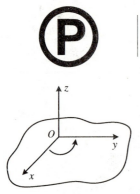

图 3.1

在空间中,除了要考虑坐标轴外,为方便起见还需要考虑**坐标平面**,即经过任意两个坐标轴的平面.总共有三个这样的平面(图 3.2):

xy 平面(通过 x 轴和 y 轴)是所有形如 $(x,y,0)$ 的点所组成的点集,其中 x 和 y 是任意数.

xz 平面(通过 x 轴和 z 轴)是所有形如 $(x,0,z)$ 的点所组成的点集,其中 x 和 z 是任意数.

yz 平面(通过 y 轴和 z 轴)是所有形如 $(0,y,z)$ 的点所组成的点集,其中 y 和 z 是任意数.

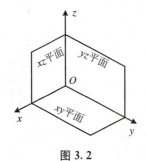

图 3.2

于是对于空间中的每个点 M,我们可以找到三个数字 x、y、z 作为其坐标.

为了求出第一个数 x,可以通过点 M 构造平行于坐标平面 yz(垂直于 x 轴)的平面.这个平面与 x 轴的交点[图 3.3(a)中的点 M_1]的坐标为 x.这个 x 就是点 M 在

x 轴上的坐标,称为点 M 的 **x 坐标**.

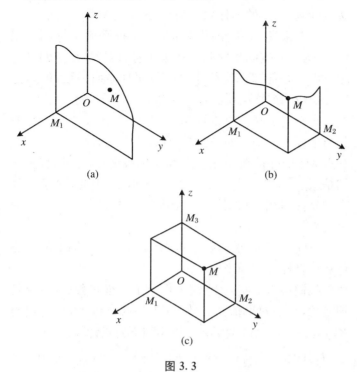

图 3.3

为了求出第二个坐标 y,可以通过点 M 构造平行于坐标 xz 平面(垂直于 y 轴)的平面,并在 y 轴上找到点 M_2[图 3.3(b)].数 y 是点 M_2 在 y 轴上的坐标,称为点 M 的 **y 坐标**.

类似地,通过构造过点 M 且平行于 xy 平面(垂直于 z 轴)的平面,我们可以得到 z 轴上点 M_3[图 3.3(c)]的坐标 z.这个数 z 称为点 M 的 **z 坐标**.

通过这种方法,我们为空间中的每个点定义了三个作为其坐标的数字,分别是 x 坐标、y 坐标和 z 坐标.

反之,对于每一个按确定顺序排列的三元数组 (x,y,z)(首先是 x,然后是 y,最后是 z),我们可以在空间中对应一个确定的点 M.为此我们仍运用刚刚所描述的构造过程,但是顺序需要颠倒一下:在坐标轴上分别标出具有坐标 x、y 和 z 的点 M_1、点 M_2 和点 M_3,然后通过这些点构造与坐标平面平行的三个平面.这三个平面的交点就是我们要找的点 M.很明显,数组 (x,y,z) 恰好是点 M 的坐标.

这样，我们就建立了一个在空间中的点和有序三元数组（即这些点的坐标）之间的一一对应关系.[①]

一般来说，掌握空间坐标将比掌握平面坐标困难很多，因为学习空间坐标需要立体几何知识.学习空间坐标时所需的必备知识往往非常简单而且显而易见，但对这些知识较为严格的说法在立体几何的课程中才会学到.

在本节中我们可以证明，通过构造坐标轴与过点 M 且与坐标平面平行的平面的交点，所得到的点 M_1、点 M_2 和点 M_3 恰好是点 M 在坐标轴上的投影点，也就是说，它们是从点 M 向坐标轴作垂线时的垂足.因此，对于空间中的坐标，我们可以给出一个类似于平面中点的坐标的定义：

空间中点 M 的**坐标**是点 M 在这些坐标轴上的投影点在该坐标轴上的坐标.

我们可以证明，在平面中推导出的很多公式，只要稍加变化，在空间里依然有效.例如，两点 $A(x_1, y_1, z_1)$ 与 $B(x_2, y_2, z_2)$ 之间的距离可以用如下公式计算：

$$d(A,B) = \sqrt{(x_1-x_2)^2 + (y_1-y_2)^2 + (z_1-z_2)^2}.$$

（这个公式的推导与平面中的推导是非常相似的.读者可以自行尝试推导.）

特别地，点 $A(x,y,z)$ 到原点的距离可以表示为

$$d(O,A) = \sqrt{x^2 + y^2 + z^2}.$$

练 习

1. 取下面八个点：

(1,1,1),   (1,1,-1),   (1,-1,1),
(1,-1,-1),   (-1,1,1),   (-1,1,-1),
(-1,-1,1),   (-1,-1,-1).

哪些点距离点 (1,1,1) 最远？并求出该点到点 (1,1,1) 的距离.哪些点距离点 (1,1,1) 最近？这些点到点 (1,1,1) 的距离又是多少？

2. 作一个立方体.任取一个顶点为坐标原点，并以与该顶点相邻的三条边为坐标轴正向.以立方体的边长为

[①] 一一对应关系的定义参见 1.1 节.

度量单位.用字母 A、B、C、D、A_1、B_1、C_1、D_1 依次表示立方体的顶点,如图 3.4 所示.求:

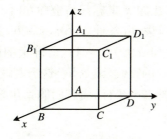

图 3.4

(1) 立方体各个顶点的坐标;
(2) 边 CC_1 中点的坐标;
(3) 面 AA_1B_1B 对角线交点的坐标.

3. 第 2 题中立方体的顶点 $(0,0,0)$ 到面 BB_1C_1C 的对角线交点之间的距离是多少?

4. 以下各点中:

$A(1,0,5)$, $B(3,0,1)$, $C\left(\dfrac{1}{3},\dfrac{3}{4},\dfrac{2}{5}\right)$,

$D\left(\dfrac{7}{5},\dfrac{1}{2},\dfrac{3}{2}\right)$, $E\left(\dfrac{2}{5},-\dfrac{1}{2},0\right)$, $F\left(1,\dfrac{1}{2},\dfrac{1}{3}\right)$.

你认为哪些点位于第 2 题的立方体的内部?哪些点位于其外部?

5. 写出第 2 题中立方体内部和边界上的点的坐标所满足的关系式.

(**答案**:在立方体内部及其边界上的点的坐标 x、y 和 z 可以取从 0 到 1 的所有数值;也就是说,它们满足关系式:

$$0 \leqslant x \leqslant 1,$$
$$0 \leqslant y \leqslant 1,$$
$$0 \leqslant z \leqslant 1.$$

)

3.2 确定空间中的图形

正如在平面中一样,定义了空间中的坐标后,我们不仅能够通过数字来确定点,而且能够通过数字之间的关系来确定点的集合,如曲线和曲面.例如,我们可以通过指定两个坐标(比如 x 坐标和 y 坐标)并任意取第三个坐标来定义一个点集.由条件 $x = a$, $y = b$,其中 a 和 b 是给定的数字(比如 $a = 5$, $b = 4$),所确定的图形是空间中一条与 z 轴平行的直线(图 3.5).这条直线上的所有点都有相同的 x 坐标和 y 坐标,而它们的 z 坐标取遍所有值.

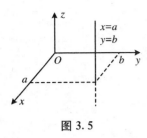

图 3.5

同理,条件
$$y = b, \quad z = c$$
确定了一条与 x 轴平行的直线;而条件
$$x = a, \quad z = c$$
确定了一条与 y 轴平行的直线.

下面是一个有趣的问题:如果只指定一个坐标,如
$$z = 1,$$
我们会得到什么点集?从图 3.6 中可以清楚地看出:它是一个平面,与 xy 坐标平面(即经过 x 轴和 y 轴的平面)平行,且与之(沿 z 轴正半轴方向)相距为 1.

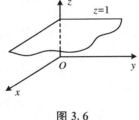

图 3.6

下面我们再举几个例子,说明如何利用方程以及坐标间的其他关系在空间中定义不同的点集.

例 3.1 研究如下方程:
$$x^2 + y^2 + z^2 = R^2. \tag{3.1}$$

由于点 (x, y, z) 到坐标原点的距离是由表达式 $\sqrt{x^2 + y^2 + z^2}$ 所给出的,所以如果转换成几何学的语言,方程(3.1)则表示满足这个关系式的坐标为 (x, y, z) 的点位于与坐标原点距离为 R 的地方.这意味着满足方程(3.1)的所有点的集合是一个球面,即球心在原点、半径为 R 的球面.

例 3.2 坐标满足关系式
$$x^2 + y^2 + z^2 < 1$$
的点在哪里?

[**答案**:这个关系式意味着点 (x, y, z) 到原点的距离小于 1,所以所求的点集是以原点为球心、半径为 1 的球内部的点所组成的集合.]

例 3.3 由方程
$$x^2 + y^2 = 1 \tag{3.2}$$
所确定的点集是什么?

让我们首先仅仅考虑 xy 平面上满足这个方程的点，即同时也满足方程 $z=0$ 的点. 正如 2.3 节内容，这个方程定义了一个圆心在原点、半径为 1 的圆. 这些点的 z 坐标等于 0，x 坐标和 y 坐标满足关系式(3.2). 例如，点 $\left(\dfrac{3}{5},\dfrac{4}{5},0\right)$ 满足方程(3.2)（图 3.7）. 更进一步地，知道了这个点，我们可以立即找到许多其他也满足相同方程的点. 实际上，因为 z 并没有出现在方程(3.2)中，点 $\left(\dfrac{3}{5},\dfrac{4}{5},10\right)$，点 $\left(\dfrac{3}{5},\dfrac{4}{5},-5\right)$，以及更一般的点 $\left(\dfrac{3}{5},\dfrac{4}{5},z\right)$，其中 z 坐标的值是完全任意的数，都满足该方程. 所有这些点都位于通过点 $\left(\dfrac{3}{5},\dfrac{4}{5},0\right)$ 且平行于 z 轴的直线上.

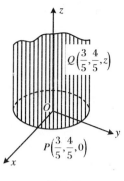

图 3.7

通过这样的方式，xy 平面内上述圆上的每个点 $(x^*,y^*,0)$ 都可以产生许多满足方程(3.2)的点，即经过该点且平行于 z 轴的直线上的所有点. 这条直线上的所有点都与圆上对应的点有相同的 x 坐标和 y 坐标，但其 z 坐标可以是任意数，也就是说，它们都是形如 (x^*,y^*,z) 的点. 但由于 z 并没有出现在方程(3.2)中，且数组 $(x^*,y^*,0)$ 满足该方程，所以对于任意 z，数组 (x^*,y^*,z) 也满足方程(3.2).

因此，由方程(3.2)所确定的点集可以从以下方式得到：取 xy 平面上圆心位于原点且半径为 1 的圆，再通过这个圆的每一点构造一条与 z 轴平行的直线. 由此我们得到的是一个圆柱面（图 3.7）.

例 3.4 一般而言，单个方程可以确定空间中的一个曲面，但并非总是如此. 例如，方程 $x^2+y^2=0$ 仅仅被一条直线即 z 轴上的点所满足，因为由该方程可以得出 x 和 y 都等于 0，而所有这两个坐标为 0 的点都位于 z 轴上. 方程 $x^2+y^2+z^2=0$ 所描述的只是一个点（原点），而根本没有任何点满足方程 $x^2+y^2+z^2=-1$，所以它对应空集.

例 3.5 如果我们考虑的不是坐标满足一个方程，而是坐标满足一个方程组的点，又会发生什么呢？

让我们来考察如下方程组：

$$\begin{cases} x^2 + y^2 + z^2 = 4, \\ z = 1. \end{cases} \qquad (3.3)$$

满足第一个方程的点正好是半径为 2 且以原点为中心的球面,满足第二个方程的点构成了一个平行于 xy 平面的平面,它位于 z 轴的正侧且与 xy 平面的距离为 1. 因此,同时满足第一个方程和第二个方程的点必须既位于球面 $x^2 + y^2 + z^2 = 4$ 上,也位于平面 $z = 1$ 上;也就是说,它们落在两者相交的曲线上. 因此,该方程组确定了一个圆:一个球面与一个平面相交的曲线(图 3.8).

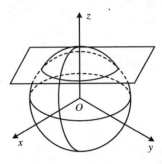

图 3.8

我们发现该方程组的每一个方程都能确定一个曲面,但这两个方程合起来则确定了一条曲线.

问题 3.1 下面哪些点落在例 3.5 中的第一个曲面上?哪些点落在第二个曲面上?哪些点落在它们的交线上?

$A(\sqrt{2}, \sqrt{2}, 0), \qquad B(\sqrt{2}, \sqrt{2}, 1),$
$C(\sqrt{2}, \sqrt{2}, \sqrt{2}), \qquad D(1, \sqrt{3}, 0),$
$E(0, \sqrt{3}, 1), \qquad F(-1, -\sqrt{2}, 1).$

例 3.6 如何在空间中给出位于 xz 平面中的以原点为圆心且半径为 1 的圆?

正如我们已经看到的,方程 $x^2 + z^2 = 1$ 确定了空间中的一个圆柱面. 为了只得到所需的圆上的点,我们必须在这个方程之外再加上条件 $y = 0$,以便将该圆柱面上那些落在 xz 平面上的点与圆柱面上的其他点区分开来(图 3.9). 于是,我们得到方程组:

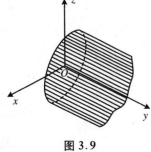

图 3.9

$$\begin{cases} x^2 + z^2 = 1, \\ y = 0. \end{cases}$$

1. 空间中由以下关系式所确定的点集分别是什么？
(1) $z^2 = 1$；
(2) $y^2 + z^2 = 1$；
(3) $x^2 + y^2 + z^2 = 1$.

2. 考虑下面三个方程组：
(1) $\begin{cases} x^2 + y^2 + z^2 = 1, \\ y^2 + z^2 = 1; \end{cases}$
(2) $\begin{cases} x^2 + y^2 + z^2 = 1, \\ x = 0; \end{cases}$
(3) $\begin{cases} y^2 + z^2 = 1, \\ x = 0. \end{cases}$

哪些方程确定的曲线是相同的？哪些是不同的？

3. 如何在空间中确定角 xOy 的角平分线？空间中由单个方程 $x = y$ 所确定的是什么点集？

第 2 部分

第 4 章
引　　言

通过第一部分,我们已经学习了有关坐标方法的一些知识,而接下来我们将讨论一些与现代数学更密切相关的有趣内容.

4.1　综合性的思考

虽然如今大多数学生都认为代数和几何是完全不同的科目,但实际上它们是非常密切相关的.通过使用坐标方法,甚至能做到不用画任何一个草图,只使用数字和代数运算,就可以完成全部的几何课程.平面几何的课程可以用这样的文字开始:"让我们把一个点定义为一对数字(x,y)……". 我们还可以进一步将圆定义为满足形如$(x-a)^2+(y-b)^2=R^2$的某个方程的点的集合,直线可以被定义为满足方程 $ax+by+c=0$ 的点集,以此类推.所有的几何定理都可以通过这种方式转换成某些代数关系式.

在代数和几何之间建立联系,本质上是数学中的一场革命.它将数学恢复为一门统一的科学,使其各个部分之间没有"中国墙"[①].法国哲学家、数学家笛卡儿被认为

[①] 译者注:"中国墙",原本是证券法规中的专有用语,指证券公司建立的用以防止泄密的隔离制度.用"中国墙"这个名字,隐喻这一隔离要如中国的长城一样坚固.此处意指"难以逾越的障碍".

是坐标方法的创始人.在其1637年发表的哲学巨著的最后一部分中,他描述了坐标的方法,并将该方法应用于解决几何问题.笛卡儿这一思想经过进一步发展,成为了数学中的一个特殊分支,如今被称为解析几何.

解析几何这个名称本身就表明了该理论的基本思想:利用解析(即代数)的方法解决几何问题.虽然现在的解析几何已经是一门发展成熟的数学分支,但它所基于的理念催生了新的分支,其中一个已经出现并正在发展的就是代数几何,它研究由代数方程给出的曲线和曲面的性质.这一数学领域还远未发展至完备的程度.事实上,近年来数学家们在这一领域取得了新的基础性成果,而这些成果已经对数学的其他领域产生了巨大影响.

4.2 几何有助于计算

对几何概念进行解析解释,并将几何形状和关系翻译成数字的语言,这是坐标方法非常重要的一个方面.然而,坐标方法的另一个方面,即对数字和数字关系的几何解释,也具有同等的重要性.著名数学家赫尔曼·闵可夫斯基(Hermann Minkowski,1864—1909)曾使用几何方法求解整数方程,而他的方法深深打动了当时的数学家们:数论中一些到当时为止一直被认为是极度困难的问题,其解答竟然可以如此简单明了.

下面举一个非常简单的例子,说明几何是如何帮助我们解决代数问题的.

问题 4.1 考虑不等式
$$x^2 + y^2 \leqslant n,$$
其中 n 是整数.这个不等式有多少组整数解?

当 n 取值比较小时,这个问题很容易回答.例如,对于 $n=0$,只有一组解:$x=0, y=0$.对于 $n=1$,会多出四组解:$x=0, y=1$; $x=1, y=0$; $x=0, y=-1$;以及 $x=-1, y=0$.所以对于 $n=1$,总共有五组解.

对于 $n=2$,除了上面已经列出的解之外,还会有四组新的解:$x=1, y=1$; $x=-1, y=1$; $x=1, y=-1$;

$x=-1, y=-1$. 于是对于 $n=2$, 总共有九组解. 以此类推, 我们可以列出下面这个表格(表 4.1).

表 4.1

数 n	解的个数 N	比值 N/n
0	1	—
1	5	5
2	9	4.5
3	9	3
4	13	3.25
5	21	4.2
10	37	3.7
20	69	3.45
50	161	3.22
100	317	3.17

我们看到解的个数 N 随着 n 的增加而增加, 但是猜测 N 变化的精确规律是相当困难的. 在观察表的右列时, 我们可能会猜测比值 N/n 会随着 n 的增加而收敛于某个数.

借助于几何解释, 我们现在将证明上述猜测是正确的, 且 N/n 的比值收敛于数 $\pi=3.14159265\cdots$.

我们把数组 (x,y) 当作平面上的点(横坐标为 x, 纵坐标为 y), 不等式 $x^2+y^2 \leqslant n$ 表示点 (x,y) 位于半径为 $\sqrt{n}$ 且圆心为原点的圆 K_n 内(图 4.1). 通过这种方式, 可以发现我们所求的不等式的整数解的个数正好等于圆 K_n 内具有整数坐标的点的个数.

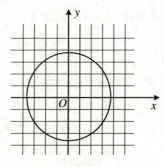

图 4.1

几何上,很明显的是具有整数坐标的点是"均匀分布在平面上"的,并且每个单位正方形都对应着恰好一个这样的整点.因此,解的数目必然近似等于这个圆的面积.于是,我们得到近似公式:

$$N \approx \pi n.$$

下面我们给出这个公式的一个简短证明.首先,用平行于坐标轴的直线将平面分割成单位正方形,让整点正好是这些正方形的顶点.设圆 K_n 内有 N 个整点.我们把每个这样的点对应到该点是其右上角顶点的那个单位正方形,而将由这些正方形构成的图形记为 A_n(图 4.2,粗线部分).显然,A_n 的面积等于 N(即这个图形中正方形的个数).

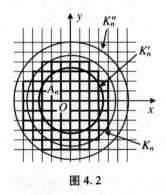

图 4.2

最后,把这个图形的面积与圆 K_n 的面积进行比较.除圆 K_n 外,还要考虑以原点为中心的另外两个圆:半径为 $\sqrt{n}-\sqrt{2}$ 的圆 K'_n 和半径为 $\sqrt{n}+\sqrt{2}$ 的圆 K''_n.图形 A_n 完全位于圆 K''_n 内,而圆 K'_n 完全包含在图 A_n 内.(请读者自行证明这个结论.证明过程中需要用的定理是:在三角形中,任意一条边的长度都小于另外两条边的长度之和.)因此,A_n 的面积大于 K'_n 的面积,但小于 K''_n 的面积,即

$$\pi(\sqrt{n}-\sqrt{2})^2 < N < \pi(\sqrt{n}+\sqrt{2})^2.$$

由此得到近似公式 $N \approx \pi n$,以及误差的估计:

$$|N - \pi n| < 2\pi(\sqrt{2n}+1).$$

现在我们来建立三个未知数的类似问题:不等式

$$x^2 + y^2 + z^2 \leqslant n$$

有多少组整数解?

只要继续使用几何解释，我们就可以很容易得到答案．这个问题的解的个数近似等于半径为 $\sqrt{n}$ 的球体的体积，也就是 $\frac{4}{3}\pi n \sqrt{n}$．如果仅仅使用代数方法要得到这个结果是相当困难的．

4.3　引入四维空间的必要性

如果我们需要求出下面这个含有四个未知数的不等式

$$x^2 + y^2 + z^2 + u^2 \leqslant n$$

的整数解的个数，又会发生什么呢？在求解带有两个未知数和三个未知数的类似问题时，我们使用了几何解释：把带有两个未知数的不等式的一组解，即一对数看作平面上的一个点；把带有三个未知数时的一组解，即一个三元数组看作空间中的一个点．让我们试着推广这个方法．于是，一个四元数组 (x, y, z, u) 需要被看作某个具有四个维度的空间（**四维空间**）中的点．从而不等式 $x^2 + y^2 + z^2 + u^2 \leqslant n$ 可以被看作点 (x, y, z, u) 落在半径为 $\sqrt{n}$、中心在原点的四维球的内部的条件．此外，还需要将四维空间分解为四维立方体．最后，还必须计算四维球体的体积．[①] 换句话说，我们必须开始研究四维空间的几何学．

我们不会在本书中详细介绍四维空间的几何学，只会讨论有关它的一点内容．作为对四维空间的简单介绍，我们只讨论该空间中最简单的图形：四维立方体．

人们真的是在严肃地谈论这个虚构的四维空间吗？我们可以在多大程度上通过类比于普通几何的方式来构建这个空间的几何？四维几何与三维几何之间到底有哪些差异和相似之处？你可能已经被上面这些问题激

[①] 在本书中，我们不会学习如何推导用于计算四维球体体积的公式．但在这里我们给出它的体积公式，四维球体的体积等于 $\pi^2 R^4/2$．此外，五维球体的体积等于 $8\pi^2 R^5/15$，六维球体的体积等于 $\pi^3 R^6/6$，七维球体的体积等于 $16\pi^3 R^7/105$．

起了极大的兴趣.研究这些问题的数学家们给出了以下答案:

是的,发展这样的几何学是完全可行的;它在许多方面与普通几何是类似的.更重要的是,这种几何学包含普通几何学这一特殊情形,正如立体几何(空间几何)包含了平面几何这一特殊情形一样.当然,四维空间几何也会与普通几何有着本质的区别.科幻小说作家赫伯特·乔治·威尔斯(H. G. Wells,1866—1946)曾根据四维世界的特性编写了一个非常有趣的故事.①

但是我们接下来要说明的是,这些特性和用以区分三维空间的几何与二维平面的几何的特性本质上是一样的.

4.4 四维空间的特性

在平面上画一个圆圈,想象你自己是二维世界中的一个生物,或者更准确地说,是一个可以在平面上移动但不能进入空间的点.(你甚至不知道空间的存在,也无法想象它的存在.)这样,圆的边界,即圆周就成了你不可逾越的障碍:你无法离开圆,因为这条边界会在各个方向阻碍你的道路[图 4.3(a)].

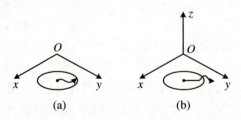

图 4.3

(a)点因为被限制在平面范围内,所以不能离开圆;(b)点可以通过进入空间的方式自由地离开圆.

现在想象内部画有圆圈的平面被放置在三维空间中,并且假设我们已经猜测到了第三维度的存在.那么我

---

① 译者注:这里指的是威尔斯的中篇小说《时间机器》(The Time Machine).

们现在当然可以轻松地跨越圆的障碍,即只需越过边界即可[图4.3(b)].

现在假设你是三维世界中的一个生物(如果你不反对的话,我们就像以前一样,把你当作一个点——这当然是完全无关紧要的).假设你位于一个球体内,但无法穿过球体的表面,即无法离开这个球体的范围.但是如果这个球被放在四维空间中,而你也知道第四维度的存在,那么你就可以毫无困难地离开这个球体了.

关于这一点,并无什么特别神秘的,只不过是因为三维球体的表面并没有把四维空间分成两部分,尽管它确实把三维空间分开了.这完全类似于如下事实:一个圆盘的边界(即圆周)并不分隔三维空间,尽管它确实分隔了它所在的平面.

再举一个例子:平面上两个互为镜像的图形,如果不把其中一个移出它们所在的平面,就不可能使它们重合.但是,一只在休息的蝴蝶会通过将翅膀从水平面移动到垂直平面的方式展开翅膀.同样,在三维空间中,不可能使相互镜面对称的两个空间图形重合.例如,虽然左手手套和右手手套的几何形状是一样的,但是左手手套是不可能变成右手手套的.但在四维空间中,两个三维的对称图形就可以完全重合,就像把平面中的对称图形移到三维空间中可以完全重合一样.

因此,在威尔斯所编造的故事中,主人公经过四维空间的旅行归来后变"反"了(例如,他的心脏现在是在右边,他的身体和以前的样子是对称的),这并不算什么令人惊讶的事情.之所以会这样,是因为进入四维空间时,他在其中被"翻转"了一下.

4.5 物理学

四维几何学已经被证明是极其有用的,甚至已成为现代物理学不可或缺的工具.如果没有多维几何学,就很难阐述和使用诸如爱因斯坦(Einstein,1879—1955)的相对论这样的当代物理学的重要理论.

每一个数学家都可以羡慕闵可夫斯基.他在成功地将几何学运用于解决数论问题之后,又借助于几何图形的概念使另一个数学难题变得清晰起来,它便是关于相对论的.位于相对论核心处的思想是空间和时间之间不可分割的联系.换言之,就是将事件发生的时间点视作该事件的第四个坐标,而其前三个坐标则确定事件所发生的空间点.

由此得到的四维空间被称为闵可夫斯基空间.现代有关相对论的课程总是从对这个空间的描述开始讲起.闵可夫斯基所发现的事实是,相对论中的主要公式[即洛伦兹(Lorentz)公式]如果用特殊四维空间的坐标术语来叙述,是相当简单的.

这实在是现代物理学之大幸.在相对论起源之时,数学家们已经为之准备了实用、坚实而且漂亮的多维几何学,使得许多情况下问题的求解被极大地简化.

第 5 章
四 维 空 间

在最后两章中,我们将讨论四维空间的几何学.

在构建直线、平面以及三维空间中的几何时,我们有两种可能的方式:一是借助可见图形,来展现相关的内容(因为这是通常用于学校课程的方式,所以很难想象一本没有任何草图的几何教材将会是什么样子的);第二种方式是利用坐标方法,我们可以把几何完全解析地展现出来,例如,把平面上的一个点定义为一对数字(这个点的坐标);把空间中的一个点定义为一个三元数组.

对于四维空间,第一种可能性是不存在的.我们不能直接使用可见的几何实现,因为我们周围的空间只有三个维度.然而,并没有什么因素会阻止我们使用第二种方式.我们也确实把直线上的点定义为一个数字,把平面上的点定义为一对数字,把三维空间上的点定义为一个三元数组.所以,很自然地,我们可以定义虚构的四维空间中的点为一个四元数组,并由此构建四维空间的几何学.我们在这个空间中谈论的几何图形,其意思指的只是点集(就像在普通几何中一样).下面我们开始讨论确切的定义.

5.1 坐标轴和坐标平面

定义 称一个有序的①四元数组 (x,y,z,u) 为四维空间中的一个**点**.

四维空间里的坐标轴是什么？总共有多少条？

为了回答这个问题，让我们暂时回到平面和三维空间.

在平面中(即在二维空间中)，坐标轴都是这样的点集：其中所有点的一个坐标可以是任意数值，但它们的另一个坐标均等于 0. 因此，横坐标轴是形如 $(x,0)$ 的点组成的集合，其中 x 可以是任意数. 例如，点 $(1,0),(-3,0)$，$\left(2\frac{1}{3},0\right)$ 均位于横坐标轴上；但是点 $\left(\frac{1}{5},2\right)$ 不在这条轴上. 类似地，纵坐标轴是形如 $(0,y)$ 的点集，其中 y 是任意数.

三维空间有三条轴：

x 轴——形如 $(x,0,0)$ 的点集，其中 x 是任意数；

y 轴——形如 $(0,y,0)$ 的点集，其中 y 是任意数；

z 轴——形如 $(0,0,z)$ 的点集，其中 z 是任意数.

在由所有形如 (x,y,z,u)(其中 x、y、z 和 u 是任意数字)的点所构成的四维空间中，很自然地可以取**坐标轴**为如下形式的点集：其中点的一个坐标可以是任意值，但另外三个坐标均等于 0. 于是很明显的是，四维空间有四条坐标轴：

x 轴——形如 $(x,0,0,0)$ 的点集，其中 x 是任意数；

y 轴——形如 $(0,y,0,0)$ 的点集，其中 y 是任意数；

z 轴——形如 $(0,0,z,0)$ 的点集，其中 z 是任意数；

u 轴——形如 $(0,0,0,u)$ 的点集，其中 u 是任意数.

在三维空间中，除了坐标轴，还有**坐标平面**. 它们是经过任意一对坐标轴的平面. 例如，yz 平面就是经过 y 轴

---

① 我们强调"有序"，是因为不同顺序的同样四个数会给出不同的点：比如，点 $(1,-2,3,8)$ 与点 $(3,1,8,-2)$ 是不同的.

和 z 轴的平面. 在三维空间中,总共有三个坐标平面:

xy 平面——形如 $(x,y,0)$ 的点集,其中 x 和 y 是任意数;

yz 平面——形如 $(0,y,z)$ 的点集,其中 y 和 z 是任意数;

xz 平面——形如 $(x,0,z)$ 的点集,其中 x 和 z 是任意数.

因此,很自然地可以定义四维空间中的**坐标平面**为这样的点集:其中点的两个坐标可以取任意数值,而另外两个坐标均等于 0. 例如,我们将四维空间中所有形如 $(x,0,z,0)$ 的点所组成的点集作为 xz 坐标平面. 那么类似这样的平面总共有多少个呢?

这个不难算出. 它们分别是:

xy 平面——形如 $(x,y,0,0)$ 的点集;

xz 平面——形如 $(x,0,z,0)$ 的点集;

xu 平面——形如 $(x,0,0,u)$ 的点集;

yz 平面——形如 $(0,y,z,0)$ 的点集;

yu 平面——形如 $(0,y,0,u)$ 的点集;

zu 平面——形如 $(0,0,z,u)$ 的点集.

对于上面的每一个平面,其变量所代表的坐标可以取任意数值,包括 0. 例如,点 $(5,0,0,0)$ 既属于 xy 平面,也属于 xu 平面(还属于哪个平面?)因此,很容易看出,yz 平面"通过" y 轴,即 y 轴上的每个点都属于这个平面. 因为 y 轴上的任何点[也就是形如 $(0,y,0,0)$ 的任何点]其实都属于形如 $(0,y,z,0)$ 的点组成的集合,也就是说,都属于 yz 平面.

问题 5.1 同时属于 yz 平面和 xz 平面的点组成的集合是什么?

[**答案**:这个集合由形如 $(0,0,z,0)$ 的所有点组成,即它是 z 轴.]

因此,在四维空间中存在类似于三维空间内坐标平面的点集,总共有 6 个这样的点集. 一方面,组成任意一个这样点集的点就像三维空间内坐标平面上的点一样,有两个坐标可以取任意数值,而其余坐标均为 0. 这样的每个坐标平面都"通过"两条坐标轴. 例如,yz 平面通过 y 轴和 z 轴. 另一方面,过每条轴都恰有三个坐标平面. 例如,xy平面、xz平面和xu平面通过x轴.因此,x轴是这些平面的交集.这6个坐标平面只有一个公共点,就是点$(0,0,0,0)$,即坐标原点.

问题 5.2 xy平面和yz平面交出来的点集是什么?xy平面和zu平面呢?

我们得到了一个完全类似于三维空间的图像.甚至我们可以试着作一个示意图,该图有助于给出四维空间内坐标平面和坐标轴位置排布的可视模型.在图 5.1 中,坐标平面是由平行四边形所描绘的,而轴则由直线给出;一切都与图 3.2 中所给出的三维空间情形完全一致.

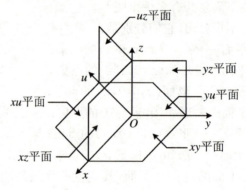

图 5.1

然而,在四维空间中还有其他一些点集可以被称为坐标平面.顺便提一句,我们应该已经预料到这一点了:直线只有原点;平面既有原点也有坐标轴;而三维空间除了原点和坐标轴外还有坐标平面.因此很自然地,在四维空间中应当会出现新的集合.我们将称之为**三维坐标平面**.

这些平面是由所有的这样的点组成的集合:四个坐标中有三个可以取所有可能的数值,但是第四个坐标等于0.这些三维坐标平面中的一个例子是形如$(x,0,z,u)$的点构成的点集,其中x、z和u取遍所有可能的值.这个集合被称为**三维坐标平面** xzu.很容易看出,在四维空间中总共有 4 个三维坐标平面:

xyz 平面——形如$(x,y,z,0)$的点集;

xyu 平面——形如$(x,y,0,u)$的点集;

xzu 平面——形如 $(x,0,z,u)$ 的点集；

yzu 平面——形如 $(0,y,z,u)$ 的点集.

我们还是可以说，每一个三维坐标平面都"通过"坐标原点，而且每个坐标平面都"通过"三条坐标轴（这里我们用"通过"这个词表示原点以及轴上的每个点都属于该平面）. 例如，三维平面 xyu 通过 x 轴、y 轴和 u 轴.

类似地，我们可以说每个二维坐标平面都是两个三维坐标平面的交集. 例如，xy 平面是 xyz 平面与 xyu 平面的交集，即它由同时属于这两个三维平面的所有点组成.

仔细看看图 5.2，它不同于图 5.1，因为我们在其中绘制了三维坐标平面 xyz. 它被描绘为一个平行六面体. 显然，这个平面包含 x 轴、y 轴和 z 轴，以及 xy 平面、xz 平面和 yz 平面.

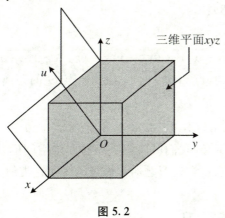

图 5.2

5.2 有关距离的问题

现在让我们试着确定在什么情形下可以谈论四维空间里点与点之间的距离.

在本书第一部分的 1.3 节、2.3 节和 2.6 节中，我们学到了可以不依赖于点、只用坐标方法就能够定义点与点之间的距离. 事实上，直线上的点 $A(x_1)$ 和点 $B(x_2)$ 之

间的距离可以用以下公式计算:
$$d(A,B) = |x_1 - x_2|,$$
即
$$d(A,B) = \sqrt{(x_1 - x_2)^2}.$$
对于平面上的点 $A(x_1, y_1)$ 和点 $B(x_2, y_2)$,可以用以下公式计算:
$$d(A,B) = \sqrt{(x_1 - x_2)^2 + (y_1 - y_2)^2},$$
而对于三维空间中的点 $A(x_1, y_1, z_1)$ 和点 $B(x_2, y_2, z_2)$,可以用以下公式计算:
$$d(A,B) = \sqrt{(x_1 - x_2)^2 + (y_1 - y_2)^2 + (z_1 - z_2)^2}.$$
因此,我们可以很自然地用类似的方式在四维空间中定义点与点之间距离,并给出如下公式:

定义 四维空间里点 $A(x_1, y_1, z_1, u_1)$ 与点 $B(x_2, y_2, z_2, u_2)$ 之间的距离定义为由如下公式给出的数 $d(A,B)$:
$$d(A,B) = \sqrt{(x_1 - x_2)^2 + (y_1 - y_2)^2 + (z_1 - z_2)^2 + (u_1 - u_2)^2}.$$

特别地,点 $A(x, y, z, u)$ 到原点 O 的距离由如下公式给出:
$$d(O, A) = \sqrt{x^2 + y^2 + z^2 + u^2}.$$

利用这个定义,我们可以解决一些四维空间的几何问题,它们与大家在学校习题册上做过的练习题类似.

1. 证明:以点 $A(4, 7, -3, 5)$、点 $B(3, 0, -3, 1)$ 和点 $C(-1, 7, -3, 0)$ 为顶点的三角形是等腰三角形.

2. 考虑四维空间的四个点:$A(1,1,1,1)$、$B(-1,-1,1,1)$、$C(-1,1,1,-1)$ 和 $D(1,-1,1,-1)$. 证明:这四个点两两之间的距离相等.

3. 设 A、B 和 C 是四维空间中的点. 我们可以用如下方式定义角 ABC. 因为可以在四维空间中计算距离,所以我们可以求出 $d(A,B)$、$d(B,C)$ 和 $d(A,C)$,也就是三角形 ABC 的"边的长度". 现在在普通二维平面上构造

一个三角形 $A'B'C'$,使它的边 $A'B'$、$B'C'$ 和 $C'A'$ 分别等于 $d(A,B)$、$d(B,C)$ 和 $d(C,A)$. 然后我们定义这个三角形的角 $A'B'C'$ 为四维空间中的角 ABC.

证明:以 $A(4,7,-3,5)$、$B(3,0,-3,1)$ 和 $C(1,3,-2,0)$ 为顶点的三角形是一个直角三角形.

4. 取第 1 题中的点 A、B 和 C.计算三角形 ABC 中的角 A、B 和 C.

第 6 章
四 维 方 体

6.1 球与方体的定义

现在我们考虑四维空间中的几何图形. 当谈到几何图形时(如在普通几何中一样), 我们指的是某个点集.

首先考虑一下球面的定义: 球面是一组点, 它们到某个定点的距离是某个固定值. 这个定义可以用来定义四维空间中的球面, 因为我们知道四维空间中的点是什么, 而且也知道两点之间的距离是多少. 因此, 我们采用相同的定义, 并将其用数字的术语翻译出来(为了简单起见, 如在三维空间中一样, 我们取球的中心为原点).

定义 满足关系式
$$x^2 + y^2 + z^2 + u^2 = R^2$$
的点 (x, y, z, u) 组成的集合被称为是四维空间内球心在原点、半径为 R 的球面.

现在讨论四维立方体. 从这个名字可以看出, 这是一个类似于我们熟悉的三维立方体[图 6.1(a)]的图形. 在平面中也有一个类似于立方体的图形, 即正方形. 如果考察立方体和正方形的解析定义, 我们便能轻易看出它们之间的相似之处.

事实上(正如在 3.1 节练习部分第 4 题中已经知道的那样), 我们可以给出以下定义:

立方体是满足如下关系式的点 (x, y, z) 的集合:

$$0 \leqslant x \leqslant 1,$$
$$0 \leqslant y \leqslant 1, \qquad (6.1)$$
$$0 \leqslant z \leqslant 1.$$

这个"算术"定义不需要任何草图.但它完全对应立方体的几何定义.[1]

对于正方形,我们也可以给出一个算术的定义:

正方形是满足如下关系式的点(x,y)的集合[图6.1(b)]:

$$0 \leqslant x \leqslant 1,$$
$$0 \leqslant y \leqslant 1.$$

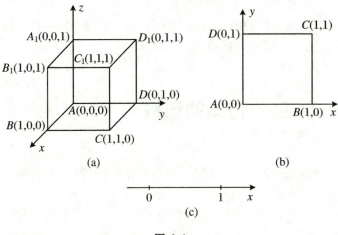

图6.1

通过比较这两种定义,我们很容易看出,正如人们常常说的,正方形实际上是立方体的二维类似物.我们有时候称正方形为"二维方体".

在一维空间中,即在直线上,我们也可以给出这些图形的类似物.为此我们取直线上满足关系式

$$0 \leqslant x \leqslant 1$$

的点集.

---

[1] 当然,三维空间中也有其他立方体.例如,由关系式 $-1 \leqslant x \leqslant 1, -1 \leqslant y \leqslant 1, -1 \leqslant z \leqslant 1$ 所确定的点集也是一个立方体.这个立方体相对于坐标轴的位置是:原点是它的中心,坐标轴和坐标平面是它的对称轴和对称平面.但是,我们决定将由关系式(6.1)定义的立方体视为基本立方体,有时把这个立方体称为单位立方体,以便同其他立方体区分开.

很明显,这个"一维方体"是一条线段[图 6.1(c)].

因此,希望大家现在能够完全自然地接受如下定义:

定义　四维方体是满足如下关系式

$$0 \leqslant x \leqslant 1,$$
$$0 \leqslant y \leqslant 1,$$
$$0 \leqslant z \leqslant 1,$$
$$0 \leqslant u \leqslant 1$$

的点(x, y, z, u)的集合.

不必因为没有给出四维方体的图形而苦恼,我们稍后将做这件事.(绘制四维方体是可能的,毕竟,我们是在一张平平的纸张上绘制三维立方体的.)但是,为了作出一个四维方体的图,首先有必要讨论四维方体是如何"构造"的,以及其中的关键要素.

6.2　四维方体的结构

首先研究一下不同维度的"方体",即线段、正方形和普通立方体.

由关系式 $0 \leqslant x \leqslant 1$ 定义的线段是一个非常简单的图形.对于它,我们所有能说的就只有一件事,即它的边界是由 0 和 1 两个点组成的.该线段上的其余点我们都称之为内点.

正方形的边界由 4 个点(顶点)和 4 条线段组成.因此,正方形的边界上有两个要素:点和线段.三维立方体的边界则包含三个要素:顶点(共 8 个)、边(线段,共 12 条)和面(正方形,共 6 个).如表 6.1 所示.

表 6.1

方体	边界(图形)		
	点 (顶点)	线段 (边,棱)	正方形 (面)
线段	2	—	—
正方形	4	4	—
立方体	8	12	6

我们还可以把这个表格简化一些,例如不必写出图形的名称,而只用等于其维数的数 n 来表示:对于线段,$n=1$;对于正方形,$n=2$;对于立方体,$n=3$.同样,我们也不必写出边界要素的名称,而只写出该要素的维数:对于面,$n=2$;对于边,$n=1$.为了简便起见,我们认为点(顶点)的维数为 $0(n=0)$.然后表 6.1 就变成了下面的形式(表 6.2):

表 6.2

方体的维数	边界的维数		
	0	1	2
1	2	–	–
2	4	4	–
3	8	12	6
4			

我们的目标是完成上述表格中的第四行.为此,再次比较线段、正方形和立方体的边界,但这次是解析地[①]比较,以便可以通过类比的方式了解四维方体的边界是如何构成的.

线段 $0 \leqslant x \leqslant 1$ 的边界由两个点组成:$x=0$ 和 $x=1$.

正方形 $0 \leqslant x \leqslant 1, 0 \leqslant y \leqslant 1$ 的边界包含 4 个顶点:$x=0, y=0$;$x=0, y=1$;$x=1, y=0$;$x=1, y=1$,即点 $(0,0)$、$(0,1)$、$(1,0)$ 和 $(1,1)$.

立方体 $0 \leqslant x \leqslant 1, 0 \leqslant y \leqslant 1, 0 \leqslant z \leqslant 1$ 共有 8 个顶点.其中每一个顶点都是使得 x、y、z 取值为 0 或 1 的点 (x, y, z).我们得到以下 8 个点:$(0,0,0)$、$(0,0,1)$、$(0,1,0)$、$(0,1,1)$、$(1,0,0)$、$(1,0,1)$、$(1,1,0)$、$(1,1,1)$.

四维方体
$$0 \leqslant x \leqslant 1,$$
$$0 \leqslant y \leqslant 1,$$
$$0 \leqslant z \leqslant 1,$$
$$0 \leqslant u \leqslant 1$$
的**顶点**为使得 x, y, z, u 均取值为 0 或 1 的点 (x, y, z, u).

---

① 也就是完全算术的.

这样的顶点有 16 个,因为一共可以写出 16 个不同的由 0 和 1 组成的四元数组.事实上,取由三维立方体顶点的坐标组成的三元数组(它们共有 8 个),然后对于每个这样的三元数组,我们先添加一个数值 0,然后再改为添加数值 1.通过这种方式,对于每一个这样的三元数组,我们可以得到两个四元数组,所以总共有 8×2 = 16 个四元数组.这样我们就算出了四维方体的顶点数.

现在我们来考虑应该把什么称为四维方体的边.我们再次使用类比.对于正方形,边是通过如下关系式定义的[图 6.1(b)]:

$$0 \leqslant x \leqslant 1, \quad y = 0 \quad (\text{边 } AB);$$
$$x = 1, \quad 0 \leqslant y \leqslant 1 \quad (\text{边 } BC);$$
$$0 \leqslant x \leqslant 1, \quad y = 1 \quad (\text{边 } CD);$$
$$x = 0, \quad 0 \leqslant y \leqslant 1 \quad (\text{边 } DA).$$

正如我们所见,正方形的边是有如下性质的:对于给定边上的每一点,它们的一个坐标总取一个确定的数值:0 或 1,而第二个坐标则可以取 0 和 1 之间的所有值.

进一步考察(三维)立方体的边(棱),我们有[图 6.1(a)]:

$$x = 0, \quad y = 0, \quad 0 \leqslant z \leqslant 1 \quad (\text{边 } AA_1);$$
$$0 \leqslant x \leqslant 1, \quad y = 0, \quad z = 1 \quad (\text{边 } A_1B_1);$$
$$x = 1, \quad 0 \leqslant y \leqslant 1, \quad z = 1 \quad (\text{边 } B_1C_1);$$

等等.

通过类比,我们可以得出如下定义.

定义 四维方体的一条**边**是这样的一个点集:其中点的所有坐标除了一个之外,其余的都取固定的常值(要么是 0,要么是 1),而剩下的第四个坐标可以取 0 到 1 之间的所有可能的数值.

例如,

(1) $x = 0, \quad y = 0, \quad z = 1, \quad 0 \leqslant u \leqslant 1$;

(2) $0 \leqslant x \leqslant 1, \quad y = 1, \quad z = 0, \quad u = 1$;

(3) $x = 1, \quad 0 \leqslant y \leqslant 1, \quad z = 0, \quad u = 0$;

等等.

下面我们试着算一算四维方体的边的数目.为了避免混淆,我们将按照特定的顺序来计数.首先,我们将边划分为四组:第一组,取其变量坐标为 $x(0 \leqslant x \leqslant 1)$,而 y、z 和 u 取常值 0 和 1 的所有可能的组合.我们已经知道恰好有 8

个由 0 和 1 组成的不同的三元组(回想一下三维立方体有多少个顶点). 因此,第一组里共有 8 条边(对它们而言,其变量坐标为 x). 很容易看出,第二组,即变量坐标不是 x 而是 y 的边,也有类似的 8 条. 因此,四维方体共有 $4 \times 8 = 32$ 条边.

现在我们可以很容易地写下定义每条边的关系式,而不用担心会漏掉任何一条:

第一组
$0 \leqslant x \leqslant 1$

y	z	u
0	0	0
0	0	1
0	1	0
0	1	1
1	0	0
1	0	1
1	1	0
1	1	1

第二组
$0 \leqslant y \leqslant 1$

x	z	u
0	0	0
0	0	1
0	1	0
...	...	...

第三组
$0 \leqslant z \leqslant 1$

x	y	u
0	0	0
0	0	1
...	...	...

第四组
$0 \leqslant u \leqslant 1$

x	y	z
0	0	0
0	0	1
...	...	...

除了顶点和边外,三维立方体还有面. 在每个面上,有两个坐标是变化的(取值范围为 0~1),但是还有一个坐标是常数(等于 0 或 1). 例如,面 ABB_1A_1 是由关系式
$$0 \leqslant x \leqslant 1, \quad y = 0, \quad 0 \leqslant z \leqslant 1$$
所给出的.

通过类比,我们可以给出如下定义.

定义 四维方体的一个**二维面**①是这样一个点集:其中任意点的某两个坐标可以取 0 和 1 之间的所有可能值,而另外两个则保持常数(等于 0 或 1).

---

① 稍后将解释为什么此处有必要指明所考虑的面是二维的.

下面是二维面的一个例子：
$$x = 0, \quad 0 \leqslant y \leqslant 1, \quad z = 1, \quad 0 \leqslant u \leqslant 1.$$

练 习

计算四维方体的二维面的个数.

(提示:建议大家不要使用草图,而是仅仅使用解析(算术)的定义,写下定义普通三维立方体的 6 个面的所有六行关系式,便可得出答案.四维方体有 24 个二维面.)

现在我们可以填入表 6.2 中的空白格了.然而,表 6.3 仍然是不完整的.

表 6.3

方体的维数	边界的维数			
	0	1	2	3
1	2	—	—	—
2	4	4	—	—
3	8	12	6	—
4	16	32	24	

由表 6.3 可知,仍缺少最右下角一格的数据.事实是,对于四维方体,有必要再添加另一列.对于线段,实际上只有一种边界:顶点.正方形有两种:顶点和边.而立方体还有二维的面.因此我们可以预期,对四维方体而言,除了那些我们已经见过的之外,将有一种新型的要素构成它的边界,而且这种新型要素的维数将等于 3.

因此,我们给出如下定义.

定义 四维方体的一个**三维面**是这样一个点集:其中点的三个坐标可以取从 0 到 1 的所有可能值,而第四个是常值(等于 0 或 1).

我们可以很容易地计算出三维面的数目.它们共有 8 个,因为对于四个坐标中的每一个,都正好有两个可能的值:0 和 1.故有 2×4=8 个.

现在让我们看看图 6.2,它是一个四维方体,共有 16 个顶点、32 条边、24 个二维面(以平行四边形表示)以及 8

个三维面(以平行六面体表示). 从图中还可以清楚地看出哪个面包含哪条边,等等.

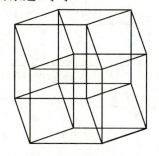

图 6.2

这张图是怎么画出来的?思考一下,如何在一张纸张上画一个普通的立方体. 我们所画的实际上是三维立方体在二维平面上的所谓的平行投影.① 为了得到图形,我们首先作一个四维方体投影到三维空间的空间模型,然后画出这个模型. 只要技术好,你也可以制造出这样一个模型. 例如,使用普通的火柴,用蜡珠把它们牢牢地固定在一起.(你总共需要多少根火柴?要用多少颗蜡珠?每颗蜡珠里面要插进几根火柴?)

我们也可以用其他方法得到四维方体的某个可视化图形. 假设你的朋友要求你发送一个普通的三维立方体模型给他. 你当然可以邮寄一个"三维"的包裹,但这样做总是比较棘手. 因此最好采用以下方式:用纸张粘出一个立方体;然后打开这个立方体,把图案(即数学家们所说的"立方体的展开图")发给他. 图 6.3 描绘的就是这样的一个展开图. 因为图中已经标明了顶点的坐标,我们很容易看出怎样把这个图案"粘起来",以便形成立方体.

---

① 在立体几何课程中,你会对平行投影更加熟悉. 为了了解普通三维立方体在平面上的平行投影到底是什么,你可以这么做:用铁丝做一个立方体(做一个立方体的框架),然后在一个晴朗的白天,看看它投在一张纸上或者墙上的影子. 如果把立方体摆放在合适的位置,得到的影子将是你通常在书中看到的图形. 这就是立方体在平面上的平行投影. 要得到它,你必须在立方体的每个点上画一条直线,使这些直线都平行于一个固定的方向(太阳光线都是相互平行的),但该方向不必是垂直于纸面的. 那么,这些直线和我们所投影的平面的交点就是这个图形的平行投影.

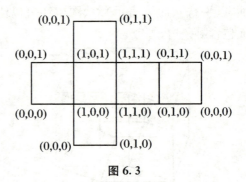

图 6.3

练 习

1. 写出定义四维方体各个三维面的关系式.

2. 我们可以制造出四维方体的一个展开图,它是一个三维的图形. 很明显,它将由 8 个立方体组成. 如果你成功地制造了一个展开图,或者知道应该如何制作,那么请将其绘制成图,并在图中标出每个顶点的坐标.

6.3 有关方体的问题

上一小节已经讨论了四维方体的构造. 现在我们来研究它的尺度. 四维方体中每条边的长度都等于1,就像普通立方体和正方形一样(当描述某条边的长度时,我们指的是位于这条边上的两个顶点之间的距离). 因此,我们称"方体"为单位方体.

问题 6.1 计算四维方体中不在某一条边上的两个顶点之间的距离.

[提示:取定其中一个顶点,比如$(0,0,0,0)$,并计算这个顶点和其他顶点之间的距离. 已知计算点与点之间距离的公式,且已知顶点的坐标,所以剩下的就只是进行一些简单的计算了.]

问题 6.2 在解决问题 6.1 后,我们会看到顶点可以被分为四组:第一组顶点位于与点$(0,0,0,0)$距离为 1 的地方;第二组顶点与该点的距离为$\sqrt{2}$;第三组的顶点在$\sqrt{3}$

处;而第四组在$\sqrt{4}=2$处.问:每组中分别有四维方体的多少个顶点?

问题 6.3 顶点$(1,1,1,1)$位于距顶点$(0,0,0,0)$最远的位置;也就是说,它到这一点的距离为2.我们称这个顶点为顶点$(0,0,0,0)$**正对的**顶点;连接它们的线段称为四维方体的**主对角线**.对于其他维数的方体,应该取哪条线段为主对角线?它们的主对角线的长度分别是多少?

问题 6.4 假设现在有一个用铁丝扎起来的三维立方体,且有一只蚂蚁正停在顶点$(0,0,0)$处.再假设这只蚂蚁必须从一个顶点爬到另一个顶点.为了从顶点$(0,0,0)$爬到顶点$(1,1,1)$,该蚂蚁必须要爬过多少条边?它必须爬过三条边.因此我们称顶点$(1,1,1)$为一个三阶顶点.从顶点$(0,0,0)$沿着边到达顶点$(0,1,1)$的路径由两段连线组成.这样一个顶点我们将称之为二阶顶点.在立方体中也有一阶顶点:它们是蚂蚁只需穿过一条边就到达的顶点.这样的顶点有三个:$(0,0,1)$、$(0,1,0)$和$(1,0,0)$.立方体也有三个二阶顶点.

(1) 写下它们的坐标.

(2) 从$(0,0,0)$到每个二阶顶点都有两条由两段线段组成的路径.例如,可以经由顶点$(0,0,1)$到达顶点$(0,1,1)$,也可以经由顶点$(0,1,0)$到达顶点$(0,1,1)$.问:从一个顶点连到它正对的顶点,有多少条由三段线段组成的路径?

问题 6.5 取以原点为中心的四维方体,即满足以下关系式的点集:
$$-1 \leqslant x \leqslant 1,$$
$$-1 \leqslant y \leqslant 1,$$
$$-1 \leqslant z \leqslant 1,$$
$$-1 \leqslant u \leqslant 1.$$

求从顶点$(1,1,1,1)$到这个方体的其他各个顶点的距离.

哪些顶点是相对于顶点$(1,1,1,1)$的一阶顶点(也就是说,从顶点$(1,1,1,1)$出发,只经过一条边可以到达哪些顶点)?哪些顶点是二阶顶点?三阶呢?四阶呢?

问题 6.6 (测试对四维方体的理解)从四维方体的顶点$(0,0,0,0)$出发,沿着方体的边到它正对的顶点

$(1,1,1,1)$,有多少条由四段线段组成的路径?具体地写出每条路径,并按顺序列出各条路径必须经过的顶点.

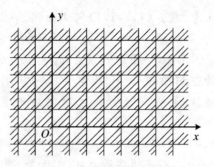

图 6.4

[2.2 节练习部分第 1 题第(6)小题的答案]